सरल गणित

# कलन और फलन का सिद्धांत

सरल गणित

# कलन और फलन का सिद्धांत

राकेश पाठक

वाणी प्रकाशन

ISBN : 978-93-5000-766-2

वाणी प्रकाशन
21-ए, दरियागंज, नयी दिल्ली-110002
द्वारा प्रकाशित

फोन : 0091#11#23273167, 23275710
फैक्स : 0091#11#23275710
ई-मेल : vaniprakashan@gmail.com
वेबसाइट : www.vaniprakashan.com

संस्करण : 2011 मूल्य : 150.00

आवरण : वाणी चित्रांकन

जी. एस. ऑफसेट, शाहदरा, दिल्ली-110032
द्वारा मुद्रित

---

**SARAL GANIT KALAN AUR FALAN KA SIDDHANT**
*by* **Rakesh Pathak**

# प्राक्कथन

दिन पर दिन गणित के क्षेत्र का विस्तार होता जा रहा है। एक समय था जब गणित को अंकगणित का समानार्थी माना जाता था। उस समय तक हमारे पूर्वजों को गणित के नाम पर गिनती और पहाड़े ही आते थे। संसार के प्रायः सभी देशों में गणित का आरंभ अंकों और गिनती से ही हुआ। यही गिनती कुछ समय पश्चात् अंकगणित में परिणत हो गई। दीर्घ काल बीतने पर गणित के वृक्ष में से कई अन्य शाखाएँ फूट निकलीं—बीजगणित, रेखागणित, त्रिकोणमिति आदि।

ज्योतिष का आरंभ इस प्रकार नहीं हुआ। इस विद्या की आदि काल से ही एक प्रायः स्वतंत्र सत्ता रही है। सबसे पहले पहल हमारे पूर्वजों ने तारों का अवलोकन करना आरंभ किया होगा। तत्पश्चात् उनके विषय में अटकलें लगाई होंगी। इस प्रकार जब से संसार में मनुष्य मात्र का आविर्भाव हुआ, तभी से ज्योतिष्क कार्यों (Bodies) का अवलोकन आरंभ हो गया था। इतना निश्चय है कि गणित-ज्योतिष का विज्ञान के रूप में विकास तभी हो पाया होगा जब मनुष्य जाति परिकलन (Calculation) में काफी आगे बढ़ चुकी होगी। भारतवर्ष की तो यह परंपरा है कि ज्योतिष गणित का अंग नहीं रहा, इसके विपरीत गणित ज्योतिष का अंग रहा है। या यों कहिए कि ज्योतिष्क परिकलनों में गणित एक परिचारक का कार्य करता था।

एक समय था जब बहुत से मनुष्य संसार के समस्त उपार्जित ज्ञान को कण्ठस्थ कर लिया करते थे। एक समय आजकल का है कि किसी भी व्यक्ति के लिए विद्या की किसी एक शाखा का भी संपूर्ण ज्ञान प्राप्त कर लेना नितांत असंभव है। प्रत्येक विषय में से दिन पर दिन नई-नई शाखाएँ फूटती जाती हैं और भिन्न-भिन्न शाखाएँ एक-दूसरे से दूर हटती जाती हैं। एक विद्वान् ने आधुनिक गवेषणा की परिभाषा इस प्रकार दी है—"किसी विषय का गवेषणा कार्य आज वह ज्ञान है जो उक्त विषय के विशेषज्ञों को छोड़ कर और किसी की भी समझ में न आए।"

इस पुस्तक में केवल उन्हीं तथ्यों का समावेश किया है जिनकी सत्यता हमारे विचार में प्रायः असंदिग्ध रूप में प्रमाणित हो चुकी है। लगभग पंद्रह वर्ष हुए काशी हिंदू विश्वविद्यालय में गोवर्धन पीठ के अधीश स्वामी शंकराचार्य जी पधारे थे। वह गणित के विद्वान् थे। उन्होंने गणितीय विषयों पर कई व्याख्यान दिए थे। इन पंक्तियों के लेखक को व्यक्तिगत रूप से भी कई बार उनके चरणों में बैठने का सुअवसर मिला था। उन्होंने अपने व्याख्यानों और व्यक्तिगत वार्ता में कई

गणितीय सूत्र दिए थे जो इस प्रकार हैं–

(1) निखिलं नवतः चरमं दशतः; (2) शून्य साम्य समुच्चये; (3) चलित कलित वर्गो विवेचकः।

प्रथम दो पंक्तियों से तो उन्होंने अंकगणित और बीजगणित के कई नियम निकाल कर दिखाए थे। तीसरी पंक्ति का आधुनिक भाषा में यह अर्थ होगा–

$(\text{Differential Coefficient})^2 = \text{Discriminant}$

अर्थात (अवकल गुणांक)$^2$ = विवेचक।

अब तनिक इस बीजगणितीय वर्ग समीकरण पर विचार कीजिए–

$\text{कय}^2 + \text{खय} + \text{ग} = 0$

उपरिलिखित सूत्र का बीजगणितीय रूपान्तर यह होगा–

$(2\ \text{कय} + \text{ख})^2 = \text{ख}^2 - 4\ \text{क ग},$

अर्थात् $\text{य} = \frac{1}{2\text{क}}\left[-\text{ख} \pm \sqrt{\text{ख}^2 - 4\text{कग}}\right]$

यही वर्ग समीकरण के हल का आधुनिक रूप है। इस प्रसर (Process) से स्पष्ट है कि उपरिलिखित सूत्र में वर्ग समीकरण का हल, अवकलन गणित (Differential) की विधि से निकालने का संकेत किया गया है। स्वामीजी ने इन सूत्रों का यह अभिदेश दिया था : अथर्व वेद–परिशिष्ट 1। मुझे अथर्ववेद के जितने भी संस्करण काशी के पुस्तकालयों में मिल सके, मैंने सब छान मारे। मुझे उपरिलिखित सूत्र कहीं नहीं मिले। मैंने शंकराचार्य जी को इस विषय में तीन पत्र लिखे। मुझे कोई उत्तर नहीं मिला। तत्पश्चात् मैं वेदों के उद्‌भट विद्वानों से मिला जैसे पं. गिरिधर शर्मा चतुर्वेदी और पंचगंगा घाट, काशी, के पं. रामचन्द्र भट्ट। उन्होंने बताया कि उपरिलिखित सूत्रों की भाषा ही वैदिक संस्कृत से मेल नहीं खाती। अतः यह वैदिक सूत्र हो ही नहीं सकते। इसके अतिरिक्त वेदों में कहीं गणितीय विषयों का उल्लेख है ही नहीं। इसी दौड़ धूप में मेरे हाथ निम्नलिखित पुस्तक लगी।

पाठको गणित के सभी अंगों का परिचय सांगोयांग कर सकें पुस्तकें बोझिल भी न हों, इस को दायरे में रखते हुए अंकगणित, बीजगणित, ज्यामिति प्रिज्मिमिति कलन और फलन सिद्धांत, और सबसे महत्वपूर्ण हिन्दी में पहली बार गणित चित्रावली को प्रकाशित किया गया है उम्मीद है पाठक पसंद करेंगे।

मैंने यह ग्रंथ अपने मित्र डॉ. वासुदेव शरण अग्रवाल को दिखाया। उन्होंने उसे देखकर कहा कि उक्त पुस्तक में भी कहीं किसी गणितीय विषय का उल्लेख नहीं है।

–ब्रज मोहन

# कलन और फलन सिद्धान्त

## (१) नाम और कर्म

यों तो 'कलन' के अनेक अर्थ हैं किन्तु एक अर्थ 'हिसाब लगाना' (Calculation) भी है। संस्कृत-अँग्रेज़ी के सर्वमान्य शब्दकोषों में मोनियर विलियम्स (Monier-Williams) और वामन शिवराम आप्टे के कोष प्रमुख हैं। उक्त दोनों कोषों में 'कलन' का यह अर्थ भी दिया है। प्राय: संस्कृत-हिन्दी और हिन्दी-हिन्दी कोष इन्हीं दोनों कोषों से सामग्री ग्रहण करते हैं। हमने इस प्रकार के प्राय: सभी कोष देखे हैं जो बाज़ार में उपलब्ध हैं। कलन का उक्त अर्थ प्राय: सभी में दिया गया है। इसी शब्द में उपसर्ग लगाने से 'सकलन' और 'व्यवकलन' बने हैं। 'संकलन' का अर्थ है—जोड़ना, इकट्ठा करना, अच्छे विषयों को चुनकर एकत्र करना। प्राय: इस प्रकार के ग्रन्थ को भी 'संकलन' ही कहते हैं। 'व्यवकलन' का अर्थ है "घटाना, पृथक करना, विरह।"

'कलन' (Calculus) का शास्त्र के अर्थ में प्रवर्तन सबसे पहले पं० सुधाकर द्विवेदी ने किया था। द्विवेदीजी काशी के समीप खजुरी ग्राम के निवासी थे। इनका जीवन काल १८६०–१९२२ ई० था। यह आरम्भ में राजकीय संस्कृत कॉलिज, काशी के पुस्तकाध्यक्ष थे। सन् १८९० में पं० बापू देव शास्त्री के सेवा-निवृत्त होने पर ये उनके स्थान पर गणित और ज्यौतिष के मुख्य अध्यापक नियुक्त हुए। शास्त्रीजी ने 'चलन कलन' और 'चलराशि कलन'—इन पदों का प्रयोग आरम्भ किया और द्विवेदीजी ने इनका प्रचलन किया। अँग्रेज़ी सरकार से इन्हें महामहोपाध्याय की पदवी मिली थी। इन्होंने संस्कृत में अनेक ग्रन्थ लिखे हैं जिनमें से अधिकांश ज्यौतिषीय विषयों पर हैं। इनके कुछ ग्रन्थ, जिनका संबन्ध गणित से है, ये हैं—

(१) गोलीय रेखागणित (Spherical Geometry)

(२) यूक्लिड के छठवें, ११ वें और १२वें भागों का संस्कृत में श्लोकबद्ध अनुवाद।

(३) गणक तरंगिणी जिसमें भारतीय ज्यौतिषियों का संक्षिप्त परिचय दिया गया है (१८९१).

(४) लीलावती की सोपपत्ति टीका (१८७९)

(५) भास्करीय बीजगणित की सोपपत्ति टीका (१८८९)

(६) वराह मिहिर की पंचसिद्धान्तिका की टीका 'पंचसिद्धान्तिका प्रकाश'। यह डा० थीबाँ की अँग्रेज़ी टीका और भूमिका सहित १८९० में छपी थी।

**सुधाकर द्विवेदी (१८६०–१९२२)**

(७) सूर्य सिद्धान्त की सुधावर्षिणी टीका। इसका दूसरा संस्करण बंगाल की एशियाटिक सोसायटी से सन् १९२५ में प्रकाशत हुआ और अब भी प्राप्य है।

(८) ब्राह्मस्फुट सिद्धान्त टीका सहित (१९०२)

(९) द्वितीय आर्यभट्ट का महासिद्धान्त टीका सहित (१९१०)

उपरिलिखित समस्त ग्रन्थ संस्कृत में हैं। द्विवेदीजी ने कई गणितीय ग्रन्थ हिन्दी में भी लिखे हैं—

( i ) चलन कलन (Differential Calculus)
( ii ) चलराशि कलन (Integral Calculus)
(iii) समीकरण मीमांसा (Theory of Equations)

## चलन कलन

'चलन' का अर्थ है 'चाल' या 'चलना'। अतः 'चलन कलन' का अर्थ हुआ 'चाल या गति का हिसाब।' वास्तव में 'चलन कलन' का यही कर्म है। मान लीजिए कि दो राशियों य, र में यह सम्बन्ध है—

$$र=२ य^२+१ . \qquad (१)$$

इस समीकरण में यदि हम य=२ रखें तो र=९ होता है। यदि य=२½ तो र=१३½, और यदि य=३ तो र=१९. जैसे जैसे हम य को भिन्न भिन्न मान देते जायँगे, र का भी मान बदलता जायगा।

कोई चिह्न जिसका मान बदलता रहता है चर (Variable) कहलाता है।

वह चिह्न जिसका मान नहीं बदलता, अचर (Constant) कहलाता है।

(१) में य एक चर है, २ और १ अचर हैं।

इसके अतिरिक्त, समीकरण (१) में य को हम स्वेच्छा से कोई भी मान दे सकते हैं, इसलिए य को स्वतन्त्र चर ( Independent Variable ) कहते हैं। र का मान य के मान पर निर्भर है। अतः र को परतन्त्र चर ( Dependent Variable ) कहते हैं।

समीकरण (१) में य के प्रत्येक मान के अनुसार र का केवल एक निश्चित मान होता है। कोई चिह्न जिसका, य के प्रत्येक मान के लिए केवल एक ही और निश्चित मान होता है, य का फलन (Function) कहलाता है। इस प्रकार, समीकरण (१) में र, य का फलन है।

स्पष्ट है कि किसी फलनीय सम्बन्ध में एक राशि की परिवर्तन दर (Rate of change) दूसरी राशि की परिवर्तन दर पर निर्भर होती है। इस परिवर्तन दर का अध्ययन ही चलन कलन का ध्येय है।

## फलनों के उदाहरण

(i) यदि र=५ य–८, तो य के प्रत्येक मान के लिए र का केवल एक ही और निश्चित मान होता है। इस में र, य का फलन है। य एक चर है और ५ और ८ अचर हैं।

(ii) किसी वृत्त के क्षेत्रफल क्षे और त्रिज्या त्र में यह सम्बन्ध होता है, क्षे=$\pi$ त्र$^2$। इस सम्बन्ध में त्र एक चर है, $\pi$ एक अचर है और क्षे, त्र का फलन है।

(iii) यदि ट=क कोज् ठ+ख ज्या ठ +ग, तो ठ एक चर है, क, ख, ग अचर हैं और ट, ठ का फलन है।

## अवकल गुणांक ( Differential Coefficient )

मान लीजिए कि

र=य$^2$

य का एक फलन है। अब इस फलन के आचरण का अध्ययन कीजिए, जब य=२. य के २ के समीप के मानों तथा र के संगत मानो की तालिका शिक्षाप्रद होगी—

| य | २.५ | २.३ | २.१ | २.०१ | २.००१ |
|---|---|---|---|---|---|
| र | ६.२५ | ५.२९ | ४.४१ | ४.०४०१ | ४.००४००१ |

बिन्दु य=२ पर र=४. यदि हम य में .५ की अल्प वृद्धि करें, तो र में २.२५ की वृद्धि हो जाती है; यदि य में .३ की वृद्धि की जाय, तो र में १.२९ की वृद्धि हो जाती है, आदि आदि। य तथा र म की गयी अल्प वृद्धियों को हम क्रमशः तोय तथा तोर से निरूपित करते हैं, और तोर, तोय तथा $\frac{\text{तोर}}{\text{तोय}}$ की वृद्धियों की संगत तालिका तय्यार करते हैं।

| तोय | .५ | .३ | .१ | .०१ | .००१ |
|---|---|---|---|---|---|
| तोर | २.२५ | १.२९ | .४१ | .४०१ | .००४००१ |
| तोर/तोय | ४.५ | ४.३ | ४.१ | ४.०१ | ४.००१ |

इस तालिका में हम देखते हैं कि जैसे जैसे तोय, और उसके फलस्वरूप तोर, छोटे होते जाते हैं, निष्पत्ति $\frac{\text{तोर}}{\text{तोय}}$ ४ के समीपतर होती जाती है। इससे यह अनुमान होता है कि जब तोय और उसके फलस्वरूप तोर, अत्यल्प हो जाते हैं, तो निष्पत्ति $\frac{\text{तोर}}{\text{तोय}}$ की सीमा कदाचित् ४ होगी।

अब, हम बिन्दु य=१ के लिए भी एक संगत तालिका तैयार करते हैं--

| य | १.४ | १.२ | १.१ | १.०१ | १.००१ |
|---|---|---|---|---|---|
| र | १.९६ | १.४४ | १.२१ | १.०२०१ | १.००२००१ |
| तोय | .४ | .२ | .१ | .०१ | .००१ |
| तोर | .९६ | .४४ | .२१ | .०२०१ | .००२००१ |
| तोर/तोय | २.४ | २.२ | २.१ | २.०१ | २.००१ |

यहां भी हम देखते हैं कि जैसे जैसे तोय छोटा होता जाता है, तोर का मान २ के समीपतर होता जाता है। तब क्या य के प्रत्येक मान के लिए निष्पत्ति $\frac{\text{तोर}}{\text{तोय}}$ का एक निश्चित सीमान्त मान होता है?

अब फिर समीकरण $\text{र}=\text{य}^{2}$ में--

मान लीजिए कि हम य में तोय की अल्पवृद्धि करते हैं, और मान लीजिए कि इसके फलस्वरूप र में जो वृद्धि होती है उसे हम तोर द्वारा निरूपित करते हैं। तो

$$\text{र}+\text{तोर}=(\text{य}+\text{तोय})^{2}$$

$$\therefore \quad \text{तोर}=(\text{य}+\text{तोय})^{2}-\text{य}^{2}$$

$$=\text{तोय}\ (2\,\text{य}+\text{तोय})$$

$$\therefore \frac{\text{तोर}}{\text{तोय}} = 2\text{य}+\text{तोय}।$$

$$\therefore \lim_{\text{तोय}\to 0} \frac{\text{तोर}}{\text{तोय}} = २\text{य}।$$

$\frac{\text{तोर}}{\text{तोय}}$ की इस सीमा को, जब तोय $\to$ ०, $\text{य}^2$ का, य के प्रति, प्रथम अवकल गुणांक कहते हैं। इस प्रकार $\text{य}^2$ का य के प्रति प्रथम अवकल गुणांक २ य है। और यह फल, उपर्युक्त तालिकाओं के अनुसार,हमारे अनुमान से संगत है, क्योंकि जब य=२, यह सीमा ४ है और जब य=१, यह सीमा २ है।

व्यापक रूप से, मान लीजिए, र = फ (य) ।

$$\text{तब } \text{र} + \text{तोर} = \text{फ}(\text{य}+\text{तोय})$$

$$\therefore \text{तोर} = \text{फ}(\text{य}+\text{तोय}) - \text{फ}(\text{य})$$

$$\text{अतः} \lim_{\text{तोय}\to 0} \frac{\text{तोर}}{\text{तोय}} = \lim_{\text{तोय}\to 0} \frac{\text{फ}(\text{य}+\text{तोय}) - \text{फ}(\text{य})}{\text{तोय}}$$

और यह सीमा फ (य) का, य के प्रति, प्रथम अवकल गुणांक कहलाती है। इस सीमा को प्राप्त करने की क्रिया को "फ (य) का अवकलन करना" कहते हैं।

रीत्यनुसार इस सीमा को $\frac{\text{तार}}{\text{ताय}}$ लिखते हैं। अतएव

$$\frac{\text{तार}}{\text{ताय}} = \lim_{\text{तोय}\to 0} \frac{\text{तोर}}{\text{तोय}} = \lim_{\text{तोय}\to 0} \frac{\text{फ}(\text{य}+\text{तोय}) - \text{फ}(\text{य})}{\text{तोय}}।$$

१२—यह भली भाँति समझ लेना चाहिए कि $\frac{\text{तोर}}{\text{तोय}}$ तोर और तोय की निष्पत्ति है, परन्तु $\frac{\text{तार}}{\text{ताय}}$ एक निष्पत्ति नहीं है, वरन् सीमा निकालने का फल है। $\frac{\text{तार}}{\text{ताय}}$ को "तार और ताय का भजनफल" कहना उतना ही अशुद्ध है जितना "कोज्या य" को "कोज्या" और "य" का गुणनफल कहना।

इसी संकल्पना के लिए अन्य चिह्न यह है—

$$\frac{\text{ताफ}(\text{थ})}{\text{ताय}}, \frac{\text{ताफ}}{\text{ताय}}, \text{फ}'(\text{य}), \text{फ}', \text{फं}, \text{फ}_{\text{य}}, \text{र}', \text{रं}, \text{र}_1, \text{ता}_{\text{य}}\,\text{र}।$$

पं० सुधाकर द्विवेदी ने 'चलन कलन' नाम चलाया जो पिछले पचास वर्ष से चल रहा है। किन्तु इस शास्त्र का अधिक उपयुक्त नाम 'अवकल कलन' होगा। अवकल गुणांक के लिए उन्होंने यह चिह्न

$$\frac{\text{तार}}{\text{ताय}}$$

निर्धारित किया था। इसका कारण यह था कि यह राशि फलन र की, य के प्रति, तात्कालिक गति का निरूपण करती है।

## समाकलन (Integration)

मान लीजिए कि $र = य^२$

य का एक फलन है। य=२ से य=३ तक इस फलन के व्यवहार पर विचार कीजिए। इस अन्तराल (Interval) (२, ३) को .२ की लम्बाई के पाँच बराबर भागों में बाँटिए। जब य=२ तो $र = २^२$; जब य=२.२ तो $र = (२.२)^२$; जब य=२.४ तब $र = (२.४)^२$ इत्यादि। इनमें से र के प्रत्येक मान को उपान्तराल (Sub-interval) की लम्बाई से गुणा कीजिए और सब गुणनफलों को जोड़ दीजिए। तो योग यह होगा–

$$(.२)\ (२)^२ + (.२)\ (२.२)^२ + (.२)\ (२.४)^२ + (.२)\ (२.६)^२ + (.२)\ (२.८)^२$$
$$= (.२)\ [२^२ + (२.२)^२ + (२.४)^२ + (२.६)^२ + (२.८)^२]$$

हमने सरलता के लिए अन्तिम मान य=३ को छोड़ दिया है, किन्तु उसे ले लेने से भी अन्तिम निष्कर्ष पर कोई प्रभाव नहीं पड़ेगा।

यदि हम उपरिलिखित योग को यो से निरूपित करें तो यो=५.८

अब, अन्तराल (२, ३) को .१ की लम्बाई के दस बराबर भाग करके संगत योग निकालिए। तो उक्त स्थिति में

$$यो = .१\ [२^२ + (२.१)^२ + (२.२)^२ + (२.३)^२ + (२.४)^२ + (२.५)^२ + (२.६)^२ + (२.७)^२ + (२.८)^२ + (२.९)^२] = ६.$$

अन्त में, यदि हम अन्तराल के बीस समान भाग कर दें तो उनमें से प्रत्येक की लम्बाई ·०५ होगी। और संगत योग

$$यो = (.०५)\quad [२^२ + (२.०५)^२ + (२.१)^२ + (२.१५)^२ + \ldots\ldots (२.९५)^२]$$
$$= \text{लगभग } ६.२$$

इन फलों की सारणी बनाइए—

| अन्तरालों की संख्या | ५ | १० | २० |
|---|---|---|---|
| प्रत्येक अन्तराल की लम्बाई | .२ | .१ | .०५ |
| यो का मान | ५.८ | ६ | ६.२ |

इस तालिका से यह पता चलता है कि जैसे जैसे अन्तरालों की संख्या बढ़ती जाती है, और फलतः प्रत्येक की लम्बाई घटती जाती है, वैसे वैसे यो का मान बढ़ता जाता है। इससे यह अनुमान निकलता है कि यदि अन्तरालों की संख्या और भी बढ़ायें और फलतः प्रत्येक की लम्बाई और भी घटायें तो कदाचित् यो का मान और भी बढ़ जायगा। अब मान लीजिए कि अन्तरालों की संख्या असीमित रूप से बढ़ जाती है और फलतः प्रत्येक की लम्बाई असीमित रूप से घट जाती है। क्या यह सम्भव है कि जब अन्तरालों की संख्या अनन्त की ओर जाय और प्रत्येक की लम्बाई शून्य की ओर जाय तो यो का मान एक निश्चित सीमा की ओर प्रवृत्त हो ?

मान लीजिए कि (२, ३) के मध्यस्थ अन्तरालों की संख्या स और प्रत्येक की लम्बाई ट है। तो

$$३=२+स\,ट \qquad \text{(i)}$$

$$\text{और } यो=ट\,[\,२^२+(२+ट)^२+(२+२\,ट)^२+\ldots\ldots +\{२+(स-१)ट\}^२]$$

$$=ट\sum_{च=०}^{स-१}(२+च\,ट)^२$$

$$=ट\left[\sum_{च=०}^{स-१}२^२+४ट\sum_{च=०}^{स-१}च+ट^२\sum_{च=०}^{स-१}च^२\right]$$

$$=ट\,[स.२^२+४ट\,\{१+२+३+\ldots\ldots(स-१)\} +ट^२\{१^२+२^२+३^२+\ldots\ldots(स-१)^२\}]$$

$$=ट\left[स.२^२+२\,ट\,स(स-१)+\frac{ट^२}{६}(स-१)स(२स-१)\right]$$

$$=२^२\,सट+२स\,ट(स\,ट-ट)+\tfrac{१}{६}सट(स\,ट-ट)(२स\,ट-ट)$$

परन्तु (i) से $सट=१$. अतः

$$यो=२^२+२(१-ट)+\tfrac{१}{६}(१-ट)(२-ट)$$

और इसकी सीमा, जब $ट\to०$,

$२^२+२+\tfrac{१}{३}$ अर्थात् $६\tfrac{१}{३}$ है।

अतएव, हम देखते हैं कि कम से कम इस विशिष्ट अवस्था में तो यो एक निश्चित सीमा की ओर प्रवृत्त होता है जब स→∞ और फलतः ट→०.

अब, (२, ३) के स्थान पर य के अन्तराल (क, ख) पर विचार कीजिए। हम इस अन्तराल को लम्बाई ट के स अन्तरालों में बाँटे देते हैं। तो स्पष्ट है कि

$$ख = क + सट । \qquad (ii)$$

मान लीजिए कि

$$यो = ट\,[क^२ + (क+ट)^२ + (क+२ट)^२ + \ldots\ldots \{क+(स-१)ट\}^२]$$

$$= ट \sum_{च=०}^{स-१} (क+चट)^२$$

$$= ट \left[\sum_{च=०}^{स-१} क^२ + २क\,ट \sum_{च=०}^{स-१} च + ट^२ \sum_{च=०}^{स-१} च^२\right]$$

$$= ट\,[स\,क^२ + २क\,ट\{१+२+३+\ldots\ldots(स-१)\} + ट^२\{१^२+२^२+३^२+\ldots\ldots(स-१)^२\}]$$

$$= ट\,[स\,क^२ + क\,स\,ट(स-१) + \tfrac{१}{६}स(स-१)(२स-१)ट^२]$$

$$= स\,ट\,क^२ + क\,स\,ट\,(स\,ट - ट) + \tfrac{१}{६}\,स\,ट(स\,ट - ट)(२\,स\,ट - ट)$$

परन्तु (ii) से स ट = ख − क।

अतः $यो = क^२(ख-क) + क(ख-क)(ख-क-ट) + \tfrac{१}{६}(ख-क)(ख-क-ट)(२ख-२क-ट)$

और जब ट→०, तो इसकी सीमा हुई

$$क^२(ख-क) + क(ख-क)^२ + \tfrac{१}{३}(ख-क)^३,$$

अर्थात् $\dfrac{ख^३}{३} - \dfrac{क^३}{३}$ ।

सीमा $\dfrac{ख^३}{३} - \dfrac{क^३}{३}$ "य के प्रति सीमाओं क, ख के मध्य $य^२$ का समाकल" कहलाती है। उपर्युक्त विशिष्ट दशा में प्राप्त सीमा से भी इस फल की संगति बैठती है, क्योंकि जब क = २ और ख = ३ तो यह $६\tfrac{१}{३}$ हो जाता है।

व्यापक रूप में मान लीजिए कि

$$र = फ\,(य)$$

य का एक परिमित (Bounded) फलन है और (क, ख) य के विचारगत मानों का अन्तराल है। हम इस अन्तराल को लम्बाई ट के स बराबर भागों में बाँटे देते हैं। इस प्रकार

$$ख = क + स\,ट \qquad \text{(iii)}$$

प्रत्येक मध्यागत मान क, क+ट, क+२ ट, क+३ ट,...... क+(स−१) ट के अनुसार हम र का संगत मान रखते हैं —

$$फ(क),\ फ(क+ट),\ फ(क+२ट),\ फ(क+३\,ट),\ldots\ldots$$
$$\ldots\ फ\,\{क+(स-१)\,ट\}$$

$$\text{तब, } \underset{ट\to ०}{सी\ ट}\,[\,फ(क)+फ(क+ट)+फ(क+२ट)\ldots$$
$$+\ldots फ\,\{क+(स-१)ट\}]$$

को "सीमाओं क, ख के मध्यस्थ य के प्रति फलन फ (य) का समाकल (Integral)" कहते हैं, और इसे इस प्रकार लिखते हैं—

$$\int_{क}^{ख} फ\,(य)\ ताय\ ।$$

और इस सीमा को निकालने की क्रिया को फ (य) का "समाकलन" कहते हैं।

अतः

$$\int_{क}^{ख} फ\,(य)\ ताय = \underset{ट\to ०}{सी\ ट}\,[\,फ(क)+फ(क+ट)+फ(क+२\,ट)+\ldots$$
$$+फ\,\{क+(स-१)ट\}\,]$$

यहाँ हमने उक्त क्रिया का वर्णन सार्विक शब्दों में किया है। उपरिलिखित सीमा के अस्तित्व के लिए फ (य) पर सातत्य अथवा **परिमितता** (Boundedness) आदि के अनुबन्ध लगाने होंगे।

समाकलन की क्रिया का अध्ययन करना 'चलराशि कलन' का ध्येय है। यह नाम भी प० बापू देव शास्त्री का ही रखा हुआ है। यह नाम बहुत उपयुक्त नहीं है क्योंकि इसका अर्थ है 'विचरणशील राशि का हिसाब लगाना।' इस शास्त्र का अधिक उपयुक्त नाम होगा 'समाकलन गणित'।

उपरिलिखित व्याख्या से स्पष्ट है कि समाकलन एक प्रकार का संकलन ही है। किन्तु उक्त क्रिया का एक ज्यामितीय अर्थ भी होता है। मान लीजिए कि पा फा एक वक्र है जिसका समीकरण

$$र = फ\ (य)$$

है।

मान लीजिए कि का, खा इस वक्र पर दो बिन्दु हैं जिनके भुज क, ख हैं। यदि का चा, खा छा, याक्ष पर लम्ब डाले जायँ तो चा छा=ख–क।

चा छा के स समान टुकड़े चा का$_1$, का$_1$ का$_2$, का$_2$ का$_3$ . . .का$_{स-1}$ छा कीजिए

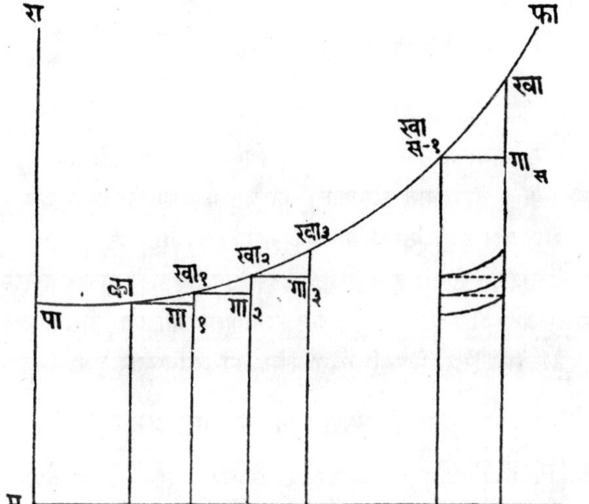


**अनुकलन का एक ज्यामितीय वक्र।**

जिनमें से प्रत्येक की लम्बाई ट है। इन बिन्दुओं का$_1$, का$_2$, . . .का$_{स-1}$ पर कोटियाँ खड़ी कीजिए। इन कोटियों की लम्बाइयाँ क्रमशः

$$फ(क),\ \ फ(क+ट),\ फ(\ क+२ट\ ),\ \ldots\ldots फ\{क+(स-१)ट\}$$

होंगी। आयतों का का$_1$, खा$_1$का$_2$, खा$_2$का$_3$,. . . . .खा$_{स-1}$ छा को पूर्ण कर लीजिए। तो इन आयतों का क्षेत्रफल आकृति का चा छा खा के क्षेत्रफल से कम होगा, और दोनों का अन्तर आकृतियों का खा$_1$गा$_1$, खा$_1$खा$_2$गा$_2$,. . . . .खा$_{स-1}$ खा गा$_स$

के योग के बराबर होगा। इन आकृतियों को याक्ष के समान्तर खिसका कर हम दर्शा सकते हैं कि इनका योग अंतिम आयत $खा_{स-१}$ छा से कम है।

अब मान लीजिए कि इन भागों की संख्या स असीमित रूप से बढ़ती है, और फलतः प्रत्येक की लम्बाई ट निर्वाध्य रूप से घटती है। अन्त में, जब स→∞ और ट→०, आयत $खा_{स-१}$ छा अपनी चौड़ाई ट के कारण शून्य की ओर प्रवृत्त हो जायगा और इस प्रकार आकृतियों का $खा_१ गा_१$, $खा_१ खा_२ गा_२$ ......का योग अन्तर्धान हो जायगा। अतः, आयतों का $का_१$, $खा_१ का_२$, $खा_२ का_३$......के योग की सीमा क्षेत्रफल का चा छा खा हो जायगी। और इस सीमा का मान

$$\underset{ट\to ०}{\text{सी}}\ ट[फ(क)+फ(क+ट)+फ(क+२ट)+......फ\{क+(स-१)ट\}],$$

अर्थात् $$\int_{क}^{ख} फ\ (य)\ ता\ य$$

होगा।

इस प्रकार समाकलन का वक्रों के क्षेत्रकलन (Quadrature) से सम्बन्ध स्थापित हो गया। तत्पश्चात् समाकलों का प्रयोग वक्रों के चापकलन (Rectification) और परिक्रमण ठोसों के आयतनों (Volumes) और तलों (Surfaces) के निकालने में भी होने लगा। इस उपयोग की तुलना में समाकलन का संकलन वाला अर्थ गौण हो गया। किन्तु समाकलन का एक तीसरा अर्थ निकलना और शेष था जिसके लिए निम्नलिखित प्रमेय का आविष्कार हुआ--

## चलराशि कलन का मूलभूत प्रमेय

(Fundamental Theorem of Integral Calculus)

यदि ब (य) एक ऐसा सतत फलन है कि उसका अवकल गुणांक फ (य) है, अर्थात्

$$फ\ (य)=ब'\ (य),$$

$$\text{तो}\quad \int_{क}^{ख} फ\ (य)\ ताय=ब(ख)-ब(क)\ ।$$

**उपपत्ति**--हम जानते हैं कि

$$\int_{क}^{ख} फ(य)\ ताय=\underset{ट\to ०}{\text{सी}}\ ट\Big[\ फ(क)+फ(क+ट)+फ(क+२ट)$$

$$+\ldots\ldots\ldots\text{फ}\ \{\text{क}+(\text{स}-\text{१})\text{ट}\}\,],$$

जब कि ख—क=स ट।

अवकल गुणांक की परिभाषा से हमें प्राप्त है

$$\text{फ(क)}=\underset{\text{ट}\to 0}{\text{सी}}\ \frac{\text{ब(क+ट)}-\text{ब(क)}}{\text{ट}},$$

$$\text{अतएव}\qquad \text{फ(क)}=\frac{\text{ब(क+ट)}-\text{ब(क)}}{\text{ट}}+\text{त}_{\text{१}},$$

जिसमें $\text{त}_{\text{१}}$ एक अत्यल्प राशि (Infinitesimal quantity) है जो, जैसे जैसे $\text{ट}\to 0$, वैसे वैसे शून्य की ओर प्रवृत्त होती है। इस प्रकार

$$\text{ट फ(क)}=\text{ब(क+ट)}-\text{ब(क)}+\text{ट त}_{\text{१}}\ ।$$

इसी प्रकार हमें प्राप्त होगा—

$$\text{ट फ(क+ ट)}=\text{ब(क+२ट)}-\text{ब(क+ट)}+\text{ट त}_{\text{२}},$$
$$\text{ट फ(क+२ट)}=\text{ब(क+३ट)}-\text{ब(क+ट)}+\text{ट त}_{\text{३}},$$

..............................................................

..............................................................

$$\text{ट फ}\ \{\text{क}+(\text{स}-\text{२})\text{ट}\}=\text{ब}\ \{\text{क}+(\text{स}-\text{१})\text{ट}\}-\text{ब}\ \{\text{क}+(\text{स}-\text{२})\text{ट}\}$$
$$+\text{ट त}_{\text{स}-\text{१}}\ ,$$
$$\text{ट फ}\ \{\text{क}+(\text{स}-\text{१})\text{ट}\}=\text{ब(क+सट)}-\text{ब}\ \{\text{क}+(\text{स}-\text{१})\text{ट}\}$$
$$+\text{ट त}_{\text{स}},$$

जिसमें $\text{त}_{\text{१}}, \text{त}_{\text{२}}, \text{त}_{\text{३}}, \ldots \text{त}_{\text{स}}$ ऐसी राशियाँ हैं जो ट के साथ साथ शून्य की ओर जाती है।

उपरिलिखित समस्त समीकरणों को जोड़ने से,

$$\text{ट}\ [\text{फ(क)}+\text{फ(क+ट)}+\text{फ(क+२ट)}+\ldots+\text{फ(ख—ट)}]$$
$$=\text{ब(क+स ट)}-\text{ब(क)}+\text{ट}(\text{त}_{\text{१}}+\text{त}_{\text{२}}+\text{त}_{\text{३}}+\ldots\ldots\text{त}_{\text{स}})\ ।$$

यदि राशियों $\text{त}_{\text{१}}, \text{त}_{\text{२}}, \ldots \text{त}_{\text{स}}$ में सबसे बड़ी त हो तो

$$\text{ट}(\text{त}_{\text{१}}+\text{त}_{\text{२}}+\ldots\text{त}_{\text{स}}) < \text{स ट त} = (\text{ख—क})\text{त},$$

और इसलिए सीमा में शून्य की ओर जाती है। इस प्रकार

$$\underset{\text{ट}\to 0}{\text{सी}}\ \text{ट}\ [\text{फ(क)}+\text{फ(क+ट)}+\text{फ(क+२ट)}+\ldots\text{फ(ख—ट)}]$$

=ब(ख)—ब(क),

और यही सिद्ध करना था।

कभी कभी इस फल को इस प्रकार भी लिखा जाता है :

$$\int_{क}^{ख} फ(या)\ ताय = \Big[\ ब(य)\Big]_{क}^{ख}।$$

सुतरां $\int_{क}^{ख}$ फ(य) ताय

का मान निकालने की सरलतर रीति यह है कि

(*i*) वह फलन ब(य) ज्ञात कीजिए जिसका अवकल गुणांक फ (य) हो,

(*ii*) जब य=ख और य=क, तब ब(य) के मान ज्ञात कीजिए,

(*iii*) ब(ख) का ब(क) से आधिक्य ज्ञात कीजिए।

उक्त आधिक्य ही अभीष्ट फल होगा।

इस प्रमेय ने समाकलन क्रिया की प्रकृति ही बदल दी। यह केवल **उत्क्रम अवकलन** (Inverse Differentiation) अर्थात् अवकलन की उल्टी क्रिया हो गयी। फलतः इसका यही अर्थ प्रमुख हो गया और शेष दोनों अर्थ गौण हो गये।

'कलन' पिछले पचास वर्षों में 'Calculus' के लिए रूढ़ हो गया है। इसे इस अर्थ से हटाने का कोई कारण दिखाई नहीं देता। इस प्रसंग को छोड़ने से पहले 'कलन' और 'गणन'—इन दोनों शब्दों के प्रयोग पर पुनर्विचार कर लेना चाहिए। केन्द्रीय सरकार की गणितीय शब्दावली में Calculation का पर्याय 'गणन' दिया हुआ है। 'गणन' का प्राचीन अर्थ 'गिनना' है किन्तु Calculation में केवल गिनने की क्रिया ही नहीं करनी पड़ती। उसमें जोड़ना, घटाना, गुणन आदि सभी क्रियाओं का समावेश रहता है। इसके अतिरिक्त 'जन गणना' और 'मत गणना' में अब भी यह शब्द 'गिनने' के अर्थ में ही प्रयुक्त होता है। अतः स्पष्ट है कि 'गणन' को उसके 'गिनने' के अर्थ से नहीं हटाया जा सकता। इसके अतिरिक्त यह शब्द 'गिनना' और Calculation दोनों अर्थों में नहीं चलाया जा सकता। यदि कोई कहे कि 'तनिक गणना करके देख लो', तो इसका क्या अर्थ निकलेगा ? 'गिन कर देख लो' या 'Calculate करके देख लो ?' और Calculus के लिए 'कलन' चल ही पड़ा है। अतएव Calculation के लिए उपयुक्त पर्याय 'परिकलन' होगा। हम यहाँ इस प्रकार के शब्दों की एक माला देते हैं —

| **Counting** | **गणन, गिनना** |
|---|---|
| Calculation | परिकलन |
| Computation | अभिकलन |
| Enumeration | परिगणन |
| Estimation | आकलन |
| Numbering | संख्यान |
| Numeration | संख्योल्लेखन |
| Reckoning | अनुगणन |
| Telling | मतगणन |

## (२) यूरोप में आदि काल (सन् ईसवी से पहले)

कलन का आधुनिक रूप तो अभिनव है किन्तु प्राचीन समय में भी कभी कभी इसके कुछ मूलतत्त्वों की झलक दिखाई पड़ जाती थी। कलन का आधार अत्यल्प राशियाँ (Infinitesimal Quantities) हैं। उक्त राशियों का सबसे प्राचीन लिखित उल्लेख ईलिया के ज़ीनो की कृतियों में मिलता है। इसके कुछ विरोधाभासों का वर्णन हम ज्यामिति के परिच्छेद में कर चुके हैं। हमने वहाँ 'कछुए और खरगोश' वाला उदाहरण दिया था। उसी का एक दूसरा रूप इस प्रकार है :—

"संसार में किसी

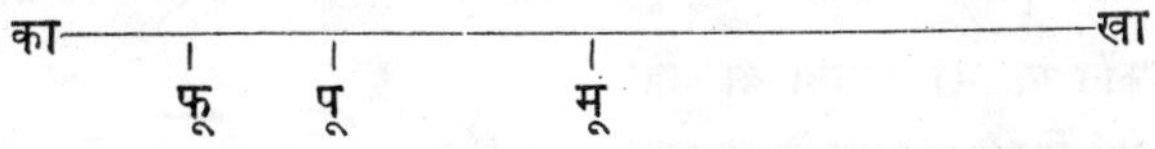


प्रकार की भी गति असम्भव है। मान लीजिए कि हमें का से खा तक जाना है। तो खा तक पहुँचने से पहले हमें का खा के मध्य बिन्दु मू तक पहुँचना होगा। फिर, का से मू तक पहुँचने से पहले हमें का मू के मध्य बिन्दु पू तक पहुँचना होगा। पू तक पहुँचने से पहले का पू के मध्य बिन्दु फू तक पहुँचना होगा और इसी प्रकार अनन्त तक। और का खा के बिन्दुओं की संख्या अनन्त है। अतः का से खा तक पहुँचने में हमें अनन्त समय लगेगा।"

लेखक यह बात भूल गया है कि रेखा का खा अनन्ततः विभाज्य है, अर्थात् उसके अनन्त बार दो टुकड़े किये जा सकते हैं। किन्तु दूरी का खा अनन्त नहीं है। दूरी सान्त (finite) है, केवल उसकी विभाज्यता अनन्त है।

इस सम्बन्ध में अगला उल्लेखनीय नाम ल्यूसीपस (Leucippus) का आता है। इसके जीवन के विषय में केवल इतना पता है कि यह एक यूनानी दार्शनिक था और ज़ीनो का समकालीन था। यह **पारमाणविक सिद्धान्त** (Atomic Theory) का जन्मदाता कहलाता है। इस सिद्धान्त का सार यह है कि समस्त पदार्थ सान्त संख्या के अविभाज्य तत्त्वों के बने होते हैं। इसी सिद्धान्त से प्रेरित होकर अरस्तू ने 'अविभाज्य रेखाओं' पर एक पुस्तक लिख मारी।

ल्यूसीपस के जीवन काल का ठीक ठीक पता नहीं है। अनुमान है कि वह ४४० ई० पू० के आसपास था।

एँण्टीफ़ॉन (Antiphon)—एक यूनानी सूफ़ी था जिसका जीवन काल ४३० ई० पू० के लगभग था। इसे निःशेषण विधि (Method of Exhaustion) का जन्मदाता कहा जाता है। इस विधि का एक उदाहरण यह है।

पहले किसी वृत्त में एक वर्ग बनाइए। फिर वर्ग की प्रत्येक भुजा पर एक समद्विबाहु (Isosceles) त्रिभुज बनाइए जिसका शीर्ष परिधि पर स्थित हो। इस प्रकार हमें वर्ग से एक सम अष्टभुज प्राप्त हो जायगा। फिर इस अष्टभुज की प्रत्येक भुजा पर इसी प्रकार एक समद्विबाहु त्रिभुज बनाइए। प्रत्येक पग पर सम बहुभुज की भुजाओं की संख्या दुगुनी होती जायगी। यह क्रिया तब तक करते चलिए जब तक वृत्त और बहुभुज एकात्मक न हो जायँ। अन्त में वृत्त और बहुभुज अभिन्न हो जायँगे और वृत्त का क्षेत्रफल बहुभुज के क्षेत्रफल के बराबर हो जायगा।

एँण्टीफ़ॉन यह भी जानता था कि (क्षेत्रफल में) किसी बहुभुज के बराबर एक वर्ग किस प्रकार बनाया जा सकता है। अतः उसने अपने हिसाब से एक ऐसी विधि निकाल ली जिससे कोई भी बहुभुज एक वृत्त में परिणत किया जा सके। इस प्रकार कह सकते हैं कि उसने अपने विचार से 'वृत्त के वर्गण' (Squaring the circle) की समस्या हल कर ली।

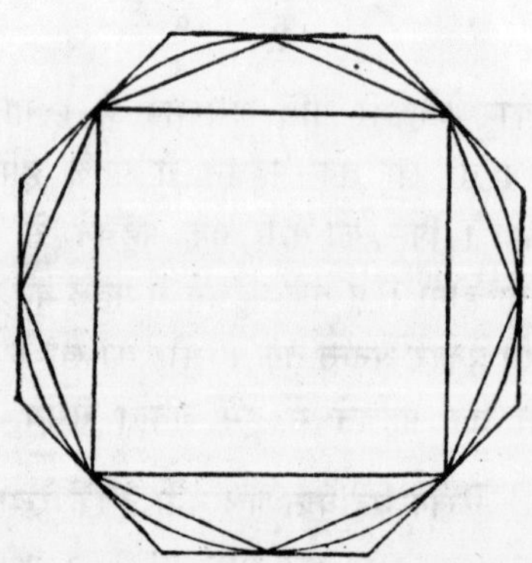

**निःशेषण विधि का एक अष्टभुज।**

हिरॅक्लिया का ब्राइसन (Bryson of Heraclea) एँण्टीफ़ॉन का समका-

लीन था। इसने वृत्त के अन्तर्गत बहुभुजों के अतिरिक्त परिगत बहुभुज भी बनाये। इसका कथन यहाँ तक तो ठीक था कि वृत्त का क्षेत्रफल दोनों बहुभुजों के क्षेत्रफलों के मध्यस्थ रहता है। किन्तु अन्त में इसने यह ग़लती की कि यह मान लिया कि वृत्त का क्षेत्रफल दोनों बहुभुजों के क्षेत्रफलों का अंकगणितीय मध्यक (Arithmetic Mean) होता है।

अब यूनानी भौतिक दार्शनिक डिमॉक्रिटस (Democritus) के जीवन पर भी विचार कर लेना चाहिए। इसका जीवन काल सम्भवतः ४६५ ई० पू० के आस पास था। कुछ लोग इसका जीवन ४०० ई० पू० के लगभग का बताते हैं। इसने ल्यूसीपस के परमाणु सिद्धान्त का परिष्कार किया। इसका मत था कि अनन्त आकाश अनन्त परमाणुओं से बना है जिनमें से प्रत्येक इतना छोटा है कि उसके और टुकड़े नहीं किये जा सकते। इसीलिए इन्हें 'अविभाज्य' कहा गया है। समस्त आकाश इनसे भरा पड़ा है। इनमें न कोई छिद्र होता है न रिक्ति (Vacancy)। इनके विभिन्न संयोगों और विन्यासों से ही ब्रह्माण्ड के समस्त पदार्थ बने हैं।

विश्व की उत्पत्ति के विषय में डिमॉक्रिटस का यह मत है कि आदि काल में अनन्त परमाणु आकाश में नीचे की ओर गिरने लगे। भारी परमाणु नीचे आ गये और उनके घर्षण से हल्के परमाणु ऊपर उठने लगे। परमाणुओं के पारस्परिक संघर्ष से कई प्रकार की गतियाँ उत्पन्न हुईं। समान परमाणुओं के एक साथ सट जाने से बड़े संसार बन गये। असमान परमाणुओं के सम्मिश्रण से छोटे छोटे काय (Bodies) बन गये।

हिपॉक्रॅटीज़ और यूडोक्सस की कृतियों का उल्लेख हम ज्यामिति के अध्याय में कर चुके हैं। सम्भवतः इन दोनों ने भी अपने प्रमेय सिद्ध करने में निःशेषण विधि का उपयोग किया था। अरस्तू ने भी अत्यल्प कलन (Infinitesimal Calculus) की नीव डालने में कहाँ तक योग दिया, इसका अनुमान उसके ज्यामितीय कार्य से लगाया जा सकता है जिसका वर्णन हम पिछले परिच्छेद में कर चुके हैं।

आर्किमॅडीज़ के कार्य के विषय में हम अंकगणित के अध्याय में बहुत कुछ कह चुके हैं। आर्किमॅडीज़ ने ऍण्टीफॉन और ब्राइसन की निःशेषण विधि को और आगे बढ़ाया। ब्राइसन की ही भाँति इसने भी वृत्त का क्षेत्रफल अन्तर्गत और परिगत बहुभुज बनाकर ही निकाला। किन्तु इसगे उसके साथ यह भी कह दिया कि बहुभुजों की भुजाओं की संख्या पर्याप्त मात्रा में बढ़ाने से हम उनके क्षेत्रफलों का अन्तर किसी भी निर्दिष्ट

राशि से कम कर सकते हैं। इस प्रकार इसने सीमा की उ वाली परिभाषा की नीव डाल दी। तनिक सीमा की आधुनिक व्याख्या पर ध्यान दीजिए।

मान लीजिए कि

$$अ_१, अ_२, अ_३, \ldots\ldots अ_स, \ldots\ldots$$

कोई अनुक्रम है, और उ कोई छोटी से छोटी संख्या पहले से दी हुई है। यदि हम कोई पूर्णांक प ऐसा उपलब्ध कर सकें कि स के, प से बड़े समस्त मानों के लिए

$$| अ_स - म | < उ$$

तो हम कहेंगे कि संख्या 'म' अनुक्रम $अ_स$ की सीमा है। और उक्त फल को हम इस प्रकार लिखेंगे —

$$\text{सी}_{स \to \infty} \; अ_स = म \text{ ।}$$

इस परिभाषा और आर्किमेंडीज़ की उपरिलिखित व्याख्या में पूरा पूरा सामंजस्य दिखाई पड़ता है।

आर्किमेंडीज़ ने सीमा की परिभाषा ही नहीं दी वरन् समाकलन की नीव भी डाल दी। उसने सिद्ध किया कि किसी परवलयीय अवधा (Segment) का क्षेत्रफल उस त्रिभुज के क्षेत्रफल का ४/३ होता है जिसके आधार और शीर्ष वही हों जो परवलय के हों। उसकी विधि यह थी कि वह अवधा के अन्दर निरन्तर त्रिभुज बनाता था जिनका क्षेत्रफल अवधा के क्षेत्रफल के निकटतर होता चला जाय।

इसके अतिरिक्त आर्किमेंडीज़ ने कुछ ठोसों के तलों और आयतनों के सूत्र भी निकाले हैं जो आधुनिक संकेतलिपि में इस प्रकार लिखे जायँगे :

किसी उपगोल (Spheroid) की अवधा का आयतन

$$= \int_{०}^{ख} य^२ \text{ ताय} = \frac{१}{३} ख^३ \text{ ।}$$

किसी परिक्रमण अतिपरवलयज (Hyperoboid of Revolution) की अवधा का आयतन

$$= \int_{०}^{२ख} (कय + य^२) \text{ ताय} = \frac{१}{६} ख^२ \; (३क + २ख) \text{ ।}$$

गोलीय अवधा का तल

$$=\pi \text{क}^{२} \int_{०}^{\text{अ}} \text{२ ज्या क्ष ताक्ष} = \text{२} \pi \text{क}^{२} (\text{१—कोज् अ})$$

किसी गोले का तल

$$= \text{४}\pi\text{क}^{२} . \tfrac{\text{१}}{\text{२}} \int_{०}^{\pi} \text{ज्या क्ष ताक्ष} = \text{४}\pi \text{ क}^{२} ।$$

## (३) यूरोप में मध्य काल–सोलहवीं और सत्रहवीं शताब्दियाँ

कलन के मध्य युग में जॉन कैंपलर (Johann Kepler) का नाम प्रमुख रूप से आता है। यह एक जर्मन ज्यौतिषी था जिसका जीवन काल १५७१–१६३० था। इसके माता पिता की जोड़ी बेमेल थी। चार वर्ष की अल्पावस्था में ही कैंपलर के चेचक निकली जिसने इसको हाथों से लुंजा कर दिया और इसकी दृष्टि सदैव के लिए खराब कर दी। इसकी प्राथमिक शिक्षा धार्मिक क्षेत्र के लिए हुई और १५९४ में इसने बड़ी अनिच्छा से उक्त व्यवसाय को छोड़कर अध्यापन कार्य स्वीकार किया।

१६०१ में टाइको ब्राहे (Tycho Brahe) के देहान्त पर यह प्राग की वेधशाला का निदेशक नियुक्त हो गया। जीवन भर इसने गणित और फलित ज्यौतिष दोनों में रुचि दिखायी। इसने अपने सम्राट् को मिलाकर बहुत से बड़े बड़े आदमियों की जन्म पत्रियाँ भी बनायी थीं। इसके जीवन का प्रमुख कार्य ग्रहों की गति के सम्बन्ध में हुआ था। इसके ग्रहों के "गति नियम" विश्वविख्यात हो गये हैं किन्तु हम यहाँ इसके कलन सम्बन्धी कार्य का ही उल्लेख करेंगे।

कैंपलर ने अपनी कृति में लिखा है कि "प्रत्येक ग्रह एक दीर्घवृत्त में घूमता है जिसकी एक नाभि पर सूरज स्थित है; और इस प्रकार चलता है कि वह समान समय में समान क्षेत्रफल वाले **नाभिग द्वैत्रिज्य** (Focal Sectors) उत्तरित करता है।" इस उक्ति से स्पष्ट है कि कैंपलर ने दीर्घवृत्त के द्वैत्रिज्यों के क्षेत्रफल निकालने की कोई विधि उपलब्ध कर ली थी। कैंपलर ने इसके अतिरिक्त ठोसों के आयतन भी निकाले थे। इस हेतु उसने यह कल्पना की थी कि ठोस बहुत छोटे छोटे अनन्त बिम्बों से बना होता है। इस विधि में समाकलन के प्रसर की स्पष्ट छाया झलकती है।

कॅवॅलियरी का उल्लेख हम ज्यामिति के अध्याय में कर चुके हैं। इसकी कृतियों में हमें समाकलन का आभास मिलता है किन्तु आधुनिक मानकों से इसकी विधि सन्तोष-जनक नहीं कही जा सकती। इसने अपनी विधि से यह सिद्ध किया कि यदि एक त्रिभुज और एक समान्तर-चतुर्भुज (parallelogram) एक ही आधार पर खड़े हों और

दोनों के उच्चत्व समान हों तो क्षेत्रफल में त्रिभुज समान्तर-चतुर्भुज का आधा होगा। इसकी उपपत्ति इस प्रकार है :

मान लिया कि त्रिभुज स अल्पांशों (Elements) का बना है जिनमें से सबसे छोटा १ है, दूसरा २,........तो त्रिभुज का क्षेत्रफल

$$=१+२+३+......+स = \frac{१}{२} स (स+१)$$

और समान्तर चतुर्भुज के प्रत्येक अल्पांश का परिमाण स है। अतः समान्तर-चतुर्भुज का क्षेत्रफल $= स^२$ ।

इस प्रकार दोनों के क्षेत्रफलों का अनुपात

$$\frac{१}{२} स (स+१) : स^२$$

हुआ जिसकी सीमा $\frac{१}{२}$ है।

कॅवॅलियरी ने इस विधि से बहुत सी लम्बाइयों और क्षेत्रफलों आदि के परिमाण निकाले। स्पष्ट है कि इस विधि में परुषता की कमी है किन्तु सम्भवतः इसी विधि से लिब्नीज़ (Leibniz) को अपने कार्य में प्रेरणा मिली हो।

जिलैंस पर्सोने द रूबर्वल (Gilles Personne de Roberval) (१६०२–१६७५) एक फ्रांसीसी गणितज्ञ था। यह क्रमशः पेरिस के दो कॉलिज़ों में प्राध्यापक रहा। इसने पृष्ठों के क्षेत्रफल और ठोसों के आयतन निकालने की एक विधि का आविष्कार किया जिसे 'अविभाज्यों की विधि' (Method of Indivisibles) कहते हैं। इसने पृष्ठों पर स्पर्शी खींचने की एक सार्विक विधि निकाली। इस प्रकार इसे चलन कलन के आविष्कार के प्रेरकों में गिन सकते हैं। इसने बहुत से वक्रों के क्षेत्रफल निकाले जिनमें से चक्रज (Cycloid) और वक्रज (Trochoid) विशेष उल्लेखनीय हैं। भौतिकी के क्षेत्र में इसका सबसे प्रसिद्ध आविष्कार 'रूबर्वल तुला' (Roberval Balance) है।

रूबर्वल का एक अन्य आविष्कार बहुत महत्वपूर्ण है। इसने समाकल

$$\int_0^१ य^श \; ताय$$

का निकट मान निकाला, जिसमें श कोई धन पूर्णांक है। इसने उक्त समाकल का यह मान

$$\frac{०^श+१^श+२^श+......(स-१)^श}{स^{+१}}$$

दिया है। और अन्त में इस मान की सीमा $\frac{1}{श+1}$ है। यह फल दर्शाता है कि रूबर्वल आधुनिक समाकलन के कितने समीप पहुँच गया था।

**हाइगेंस (१६२९–९५)**

[ डोवर पब्लिकेशंस, इन्कॉर्पोरेटेड, न्यूयॉर्क-१० की अनुज्ञा से, डी० स्ट्रुइक कृत 'ए कॉन्साइज़ हिस्ट्री ऑफ़ मॅथॅमॅटिक्स' ( १.७५ डॉलर ) से प्रत्युत्पादित।]

क्रिश्चियान हाइगेंस (Christiaan Huygens) (१६२९–१६९५) हॉलॅण्ड का एक गणितज्ञ, ज्यौतिषी और भौतिकीज्ञ था। प्रारम्भिक शिक्षा इसने अपने पिताजी से पायी। १६५१ से इसने अभिपत्र लिखना आरम्भ किया। इसका प्रारम्भिक कार्य दोलक और दूरवीक्ष (Telescope) पर है। १६६३ में यह रॉयल सोसायटी का अधिसदस्य निर्वाचित हुआ। अब यह अधिकतर फ्रांस में रहने लगा। १६८१ में यह हॉलॅण्ड लौट आया। इसका अधिकांश गवेषणा कार्य लॅंस

(Lens), प्रकाश के **तरंग सिद्धान्त** (Wave Theory) और अन्य सम्बद्ध विषयों पर है और इसीलिए भौतिकी के क्षेत्र में इसका स्थान बहुत ऊँचा है। किन्तु कलन में भी इसका कार्य बहुत महत्त्वपूर्ण हुआ है। केन्द्रजों (Evolutes) का भाव सबसे पहले इसी ने दिया है। इसने यह भी सिद्ध किया है कि चक्रज स्वयं अपना केन्द्रज है। इसने और भी कई वक्रों पर परिश्रम किया है, जैसे **रज्जुका** (Catenary), **परशु** (Cissoid) और **लघुगणकीय वक्र**। इसके अतिरिक्त इसने भूयिष्ठ और अल्पिष्ठ बिन्दुओं (Maxima and Minima) के नियमों को आधुनिक रूप दिया और गतिशील रेखाओं के अन्वालोप (Envelope) निकालने की विधि उपलब्ध की।

फ़र्मा का उल्लेख हम बीजगणित के अध्याय में कर चुके हैं। इसे 'अव्यावसायियों का सम्राट्' कहा जाता है। और उचित ही है। जीवन भर यह सरकारी सेवा में रहा। १६४८ में यह राजा का परामर्शदाता नियुक्त हुआ और मृत्यु तक उसी स्थान पर रहा। तिस पर भी इसने इतना गणितीय कार्य कर दिखाया जो मात्रा में तो अधिक था ही, इतनी उच्च कोटि का भी था कि इसे सत्रहवीं शताब्दी का सबसे बड़ा गणितज्ञ कहा जाता है।

इसमें सन्देह नहीं कि फ़र्मा ने अवकलन गणित के मूलतत्त्व का आविष्कार न्यूटन और लिब्नीज़ के जन्म से पहले ही कर लिया था। इसने इस बात का पता चलाया कि किसी वक्र में भूयिष्ठ और अल्पिष्ठ बिन्दु वहीं होते हैं जहाँ स्पर्शी याक्ष ($x$-axis) के समान्तर हो। और ऐसे बिन्दुओं की स्थिति इस समीकरण

$$\text{फ}'(\text{य}) = 0$$

के मूलों पर निर्भर है। इस प्रकार हम कह सकते हैं कि अवकलन गणित के आविष्कार की प्रेरक शक्तियों में फ़र्मा का नाम उपेक्षणीय नहीं हैं।

हमने ऊपर कहा है कि रूबर्वेल ने समाकल

$$\int_0^1 \text{य}^{\text{श}}\, \text{ताय}$$

का मान श के धन पूर्णांक मानों के लिए निकाल लिया था। फ़र्मा ने इस फल का विस्तार, श के भिन्नात्मक और ऋणात्मक मानों के लिए भी कर दिया।

इस सम्बन्ध में मिशैल रोल (Michel Rolle) का नाम भी उल्लेखनीय है। इसका स्थिति काल १६५२–१७१९ था। यह फ्रांस के युद्ध विभाग में नियुक्त था किन्तु इसे गणित का शौक़ था। इसने ज्यामिति पर अनेक अभिपत्र लिखे हैं।

बीजगणित पर इसने अभिपत्रों के अतिरिक्त दो पुस्तकें भी लिखी हैं। यह प्रमेय इसके नाम से प्रसिद्ध हो गया है—

समीकरण फ (य)=० के दो क्रमागत मूलों के बीच में समीकरण फ' (य)=० का कम से कम एक मूल अवश्य होता है।

हमने यह प्रमेय बहुत सरल भाषा में दिया है। इसके साथ कुछ शर्तें रहती हैं जो हमने यहाँ नहीं दी हैं। आज हम आधुनिक विधियों से इस प्रमेय को सरलता से सिद्ध कर लेते हैं किन्तु रोल ने इसे सिद्ध करने के लिए एक बड़ी श्रमसाध्य विधि लगायी थी। इसकी विधि **'प्रपात विधि'** (Method of Cascades) कहलाती थी।

वालिस के कार्य का उल्लेख एक पिछले अध्याय में आ चुका है। इसने अनन्त प्रसरों पर भी बहुत परिश्रम किया था यद्यपि इसकी विधियों में परुषता का अभाव था। यह बड़े साहस के साथ अनन्त श्रेणियों, अनन्त गुणनफलों और काल्पनिक राशियों का प्रयोग करता था। यह $\frac{१}{०}$ के स्थान पर $\infty$ लिखा करता था, और एक बार तो इसने यह असमता तक दे डाली थी—

$$-१ > \infty$$

इसका एक फल बहुत प्रसिद्ध हो गया है—

$$\frac{\pi}{२} = \frac{२.\ २.\ ४.\ ४.\ ६.\ ६.\ ८.\ ८. \ldots\ldots\ldots}{१.\ ३.\ ३.\ ५.\ ५.\ ७.\ ७.\ ९.\ ९. \ldots\ldots\ldots}$$

कलन की भूमिका बाँधने में भी वालिस ने बहुत योग दिया है। इसका विचार था कि एक त्रिभुज अनन्त संख्या की समान्तर रेखाओं से बना होता है। इसी प्रकार सर्पिल का निर्माण अनन्त संख्या के चापों से होता है। इसने किसी वक्र के अल्पांश की लम्बाई के लिए यह सूत्र भी सिद्ध कर दिया था—

$$\text{ता च} = \sqrt{१ + \left(\frac{\text{तार}}{\text{ताय}}\right)^२}\ \text{ताय},$$

जिसमें 'च' चाप का निरूपण करता है।

गिलॉम फ़्रँसॉय ऐन्टॉयन लः हॉस्पिटल (Guillamme Francois Antoin l' Hospital) एक फ़्रांसीसी गणितज्ञ था जिसका जीवन काल १६६१–१७०४ था। यह जॉन बर्नोली (Johann Bernoulli) का शिष्य था जिसका उल्लेख आगे आयेगा। पन्द्रह वर्ष की अवस्था में एक दिन इसने कुछ गणितज्ञों की बातचीत सुनी जिसमें वे लोग पास्कल के एक कठिन प्रश्न का उल्लेख कर रहे थे। हॉस्पिटल

ने कहा कि "मैं इसका साधन कर सकता हूँ," और कुछ ही दिनों में उसने प्रश्न हल करके दिखा दिया।

हॉस्पिटल का विचार सेना में भर्ती होने का था किन्तु दृष्टि की दुर्बलता के कारण उसकी यह साध पूरी न हो पायी। जीवन के तीसरे पन में उसने अपना समय गणित के अध्ययन में ही बिताया। १६९६ में जॉन बर्नोली ने यह समस्या प्रस्तुत की—

"एक कण एक बिन्दु **का** से दूसरे बिन्दु **खा** तक गिरता है। वह किस वक्र के अनुदिश गिरे कि समय कम से कम लगे?"

इस प्रश्न का उत्तर कई गणितज्ञों ने दिया था जिनमें से एक हॉस्पिटल भी था। गणित के विद्यार्थी जानते हैं कि उक्त प्रश्न का उत्तर है—चक्रज। ऐसे वक्र को 'द्रुततमपात वक्र' (Brachistochrone) कहते हैं।

आइज़ाक बॅरो (Isaac Barrow) एक अंग्रेज़ गणितज्ञ और पादरी था जिसका जीवन काल १६३०–१६७७ था। इसने केम्ब्रिज में साहित्य, विज्ञान और दर्शन की शिक्षा प्राप्त की। तत्पश्चात् इसने फ्रांस, इटली, टर्की आदि का भ्रमण किया। १६५९ में इंग्लॅण्ड लौटने पर यह गिरजा में नियुक्त हो गया। १६६० में यह केम्ब्रिज में प्राध्यापक नियुक्त हो गया। १६६३ में यह रॉयल सोसायटी का अधिसदस्य निर्वाचित हुआ। १६६४ में यह केम्ब्रिज में गणित की एक गद्दी पर नियुक्त हुआ। १६६९ में इसने न्यूटन के पक्ष में त्याग-पत्र दे दिया। १६७५ में यह केम्ब्रिज विश्वविद्यालय का कुलपति हो गया।

अंग्रेज़ों की दृष्टि में न्यूटन को छोड़कर इंग्लॅण्ड का सबसे बड़ा गणितज्ञ बॅरो ही था। इसकी विशेष रुचि ज्यामिति और चाक्षुषी में थी। यदि इसने इन्हीं विषयों पर अपना चित्त एकाग्र किया होता तो सम्भवतः इससे भी अधिक ख्याति प्राप्त की होती।

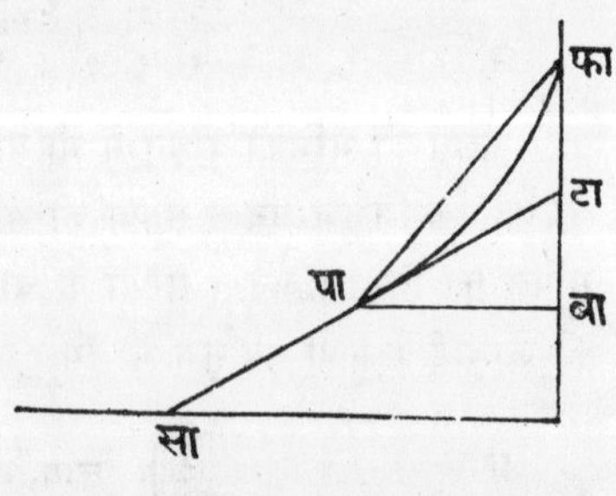


**बॅरो अवकलन त्रिभुज।**

इसमें सन्देह नहीं कि बॅरो को अवकलन क्रिया का कुछ कुछ आभास मिल चुका था। बॅरो की उक्ति थी कि यदि किसी वक्र पर कोई बिन्दु फा, एक स्थिर बिन्दु पा की ओर चलता जाय तो अन्त में चाप पाफा एक अत्यल्प राशि हो जायगी। बहुत दिन तक त्रिभुज पा फा बा को लोग 'बॅरो अवकल त्रिभुज' कहते रहे।

बॅरो अवकलन और समाकलन के पारस्परिक सम्बन्ध को भी जानता था किन्तु उसने प्रश्नों के हल करने में उसका कभी प्रयोग नहीं किया।

## (४) कलन को पूर्व की देन

यह कहना तो ग़लत होगा कि पूर्व में भी कलन का विद्या के रूप में विकास हो चुका था। किन्तु पूर्व के कुछ गणितज्ञों ने इस दिशा में जो दो चार उलटे सीधे पग उठाये थे, उनका उल्लेख करना भी आवश्यक है। ताबित इब्न कोरा का नाम हम पिछले अध्यायों में ले चुके हैं। इसने ८७० ई० के लगभग परवलयज (Paraboloid) का आयतन निकाला था। फिर सैकड़ों वर्ष तक इस दिशा में कोई उल्लेखनीय कार्य नहीं हुआ।

सत्रहवीं शताब्दी में जापान में सेकी कॉवा का प्रादुर्भाव हुआ। इसकी कृतियों का उल्लेख हम पिछले परिच्छेदों में कर चुके हैं। केवल एक बात कहने योग्य रह गयी है। जापानी गणित में 'वृत्त सिद्धान्त' (Circle Principle) की चर्चा मिलती है जिसे 'यँन्री विधि' भी कहते हैं। इसी विधि से जापानियों ने एक प्रकार के कलन का विकास कर लिया था। वास्तव में उक्त विधि का जन्मदाता कौन था, यह कहना कठिन है। कुछ लोगों का अनुमान है कि इसका आविष्कार सेकी कॉवा ने ही किया था किन्तु इसकी प्राप्य कृतियों में कहीं भी उक्त सिद्धान्त का उल्लेख नहीं मिलता। यॅन्री नाम कहाँ से आया इसके विषय में लोगों ने यह अटकल लगायी है कि सम्भव है कि यह नाम चीनी लेखक लाइ येह की उस कृति से लिया गया हो जिसका नाम 'त्से युअन हाइ चिंग' था। इस नाम का अर्थ है "समुद्र दर्पण, वृत्त, का नाप।"

इस सम्बन्ध में और भी कई जापानी गणितज्ञों के नाम उल्लेखनीय हैं। इसोमूरा का उल्लेख हम अन्यत्र कर चुके हैं। इसकी कृतियों में आदिम समाकलन का कुछ-कुछ आभास मिलता है। इसकी प्रमुख पुस्तक कॅत्सुगी शॉ १६६० में छपी थी जिस में बहुत से प्रश्नों के हल दिये गये थे। एक अन्य जापानी गणितज्ञ था नोज़ावा टाइको। इसने १६६४ में एक ग्रन्थ 'डॉकाइ शॉ' प्रकाशित किया जिसका विषय मापिकी (Mensuration) था। इसमें इसोमूरा की समाकलन विधि को और आगे बढ़ाया गया था। जापान का ही एक गणितज्ञ था सावा गूची काज़ूयूकी। १६७० में इसकी एक पुस्तक 'कोकोन सम्पॅकी' प्रकाशित हुई। इस नाम का अर्थ है 'गणित की पुरानी और नयी विधियाँ।' उक्त पुस्तक के एक पृष्ठ का चित्र हम यहाँ देते हैं।

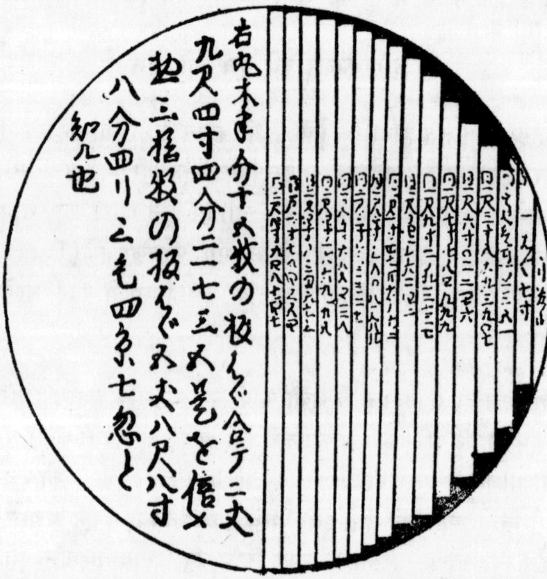

**जापान में कलन का उद्भव ।**

[ जिन एण्ड कम्पनी की अनुज्ञा से, डेविड् यूजीन स्मिथ की 'हिस्ट्री ऑफ़ मॅथॅमॅटिक्स' से प्रत्युत्पादित ।]

यह उद्धरण जापानी पुस्तक कोकोन सम्पॉकी (१६७०) से लिया गया है।

उपरिलिखित पुस्तक में भी समाकलन की रूपरेखा स्पष्ट दिखाई देती है । इस विधि से इसोमूरा ने वृत्तों का क्षेत्रकलन किया था । १६८४ में इसने एक ग्रन्थ प्रकाशित किया जिसमें यही विधि गोले के आयतन कलन पर लगायी थी। इसी विधि का प्रयोग जापान के सत्रहवीं शताब्दी के अन्य कई गणितज्ञों ने किया है। इस सम्बन्ध में दो नाम उल्लेखनीय हैं––मोचीनागा और ऑहाशी । इनकी एक पुस्तक १६८७ में प्रकाशित हुई जिसका शीर्षक था 'काइसन की कॉमोकू' । हम यहाँ उक्त पुस्तक के भी एक अंश का चित्र देते हैं। इनकी विधि वही थी जो सावागूची की थी ।

हम यहाँ एक जापानी गणितज्ञ का और उल्लेख करेंगे––मत्सूनागा र्‌यॉ हित्सू। यह सेकी के एक शिष्य का शिष्य था । इसने येन्री विधि से ही पचास दशमलव स्थानों

तक π का मान निकाला था। इसके जीवन के विषय में केवल इतना पता है कि इसका स्वर्गवास १७४४ में हुआ था।

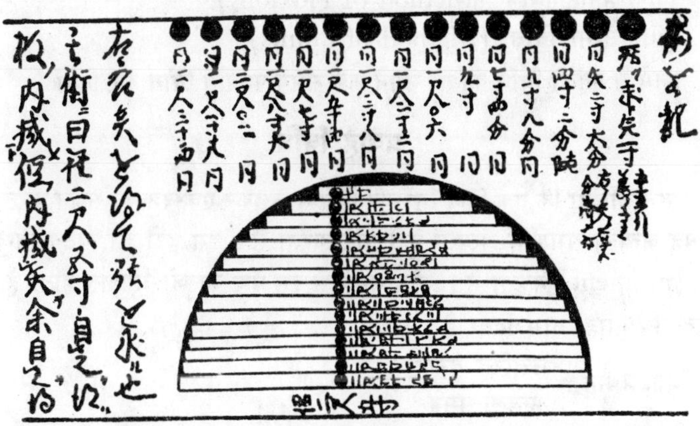

**जापान में कलन का उद्भव (१६८७ के एक जापानी ग्रन्थ से)**

[ जिन एण्ड कम्पनी की अनुज्ञा से, डेविड् यूजीन स्मिथ कृत 'हिस्ट्री आफ़ मॅथॅमॅटिक्स' से प्रत्युत्पादित। ]

## (५) न्यूटन और लिब्नीज़

न्यूटन का जीवन वृत्तान्त हम एक पिछले परिच्छेद में दे चुके हैं। न्यूटन की एक उक्ति आज कहावत बन गयी है—

"मैं नहीं जानता कि मैं संसार को किस रूप में दिखाई पड़ता हूँ। मुझे तो ऐसा प्रतीत होता है कि मैं एक बच्चा हूँ जो ज्ञान के महासागर के किनारे पर खड़ा खेल रहा है। मैं प्रयत्न करता हूँ कि खेल ही खेल में मुझे (ज्ञान का) कोई चिकना कंकड़ अथवा सुन्दर कौड़ी मिल जाय किन्तु सत्य का अथाह सागर तो मेरे लिए अज्ञात ही रहेगा।"

हम देख चुके हैं कि न्यूटन के पूर्वगामियों ने कलन के आविष्कार के लिए भूमि तैयार कर दी थी। न्यूटन को उसमें बीज डाल कर पौधा उत्पन्न कर देना था। न्यूटन ने एक स्थान पर कहा है कि "मैं दिग्गजों के कन्धों पर खड़ा हूँ।" निस्सन्देह कलन के क्षेत्र में उसका तात्पर्य दः कार्त, फ़र्मा, वालिस और बॅरो से था और भौतिकी के क्षेत्र में कॅपलर और गॅलीलियो से।

कलन के सम्बन्ध में न्यूटन के मस्तिष्क में तीन प्रकार की विचार धाराएँ थीं——

(i) अनन्त लघु राशियाँ (Infinitely small quantities)

(ii) प्रवाह विधि (Method of Fluxions)

(iii) सीमा विधि (Method of Limits)

इनमें से पहली विधि का तो उसने कुछ समय पश्चात् त्याग कर दिया

## प्रवाह विधि

मान लीजिए कि एक बिन्दु निरन्तर गति से चलकर एक वक्र का सर्जन करता है। तो वह अत्यल्प समय में अत्यल्प दूरी पार करता है। इस दूरी को न्यूटन बिन्दु का घूर्ण (moment) कहता है। और समय से इस घूर्ण का जो अनुपात होता है, उसे न्यूटन ने 'प्रवाह' नाम दिया है।

$$\text{अतः प्रवाह} = \frac{\text{उत्तरित दूरी}}{\text{अत्यल्प समय}}\text{।}$$

इस सम्बन्ध में दो प्रश्न उपस्थित होते हैं——

(१) यदि उत्तरित दूरी का सूत्र दिया हो तो किसी विशिष्ट क्षण पर बिन्दु का क्या वेग होगा ?

(२) यदि वेग दिया हो तो किसी विशिष्ट समय में बिन्दु कितनी दूरी पार करेगा ?

हम उक्त विषय की कल्पना इस प्रकार भी कर सकते हैं——

मान लीजिए कि एक ताल में कुछ पानी भरा है जो प्रतिक्षण बढ़ता जाता है। जल की वृद्धि की दर निकालने के लिए हम देखेंगे कि कितने समय में उसकी ऊँचाई कितनी बढ़ी। फिर ऊँचाई की वृद्धि को समय से भाग दे देंगे। वही वृद्धि की दर होगी।

ज्यामितीय क्षेत्र में इसी प्रवाह से किसी रेखा का ढाल नापा जाता है।

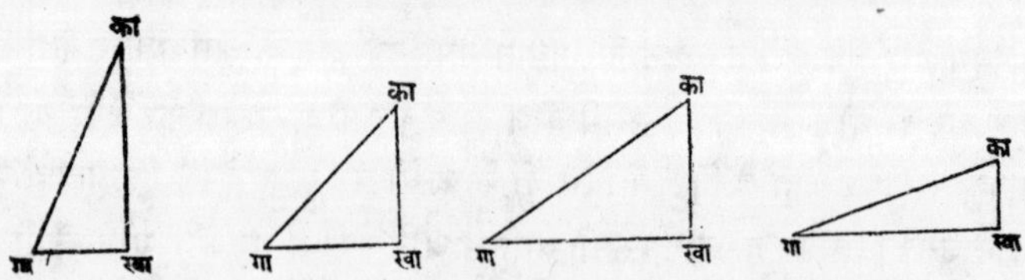


**किसी ज्यामितीय रेखा की ढाल नापना।**

इन चारों आकृतियों में अनुपात $\frac{\text{काखा}}{\text{खागा}}$ के मान पर विचार कीजिए। जितना इसका मान अधिक होगा उतनी ही रेखा का गा 'खड़ी' दिखाई पड़ेगी। और जितना ही उक्त अनुपात का मान घटता जायगा, उतनी ही रेखा का गा 'पड़ी' दिखाई पड़ेगी।

पृष्ठ ३५८ पर बॅरो के अवकल त्रिभुज में हम फा को पा के समीप लेते चले जायँगे। अनपात $\frac{\text{फाबा}}{\text{पाबा}}$ के मान में परिवर्तन होता चला जायगा। जब फा, पा से अभिन्न हो जायगा, जीवा पा फा की सीमा स्थिति आ जायगी जिसमें वह बिन्दु पा पर का स्पर्शी कहलायगी। और उक्त अनुपात का सीमा मान इस स्पर्शी की ढाल को निरूपित करेगा।

अब मान लीजिए कि य, र दो प्रवाही राशियाँ हैं। हम इनकी गतियों को यं, रं से निरूपित करेंगे। अब मान लीजिए कि हम इन गतियों को एक अत्यल्प राशि ० से गुणा करते हैं। तो

$$\text{य का घूर्ण} = \text{यं}०$$

$$\text{और र का घूर्ण} = \text{रं}\ ०.$$

अब एक समीकरण

$$\text{य}^{३} - \text{क य}^{२} + \text{क य र} - \text{र}^{३} = ० \qquad (i)$$

लीजिए।

अत्यल्प समय में य, र में क्रमशः यं०, रं० की वृद्धि हुई। अतः राशियाँ य, र क्रमशः य+यं०, र+रं० हो गयीं।

अतएव समीकरण (i) में य, र के स्थान पर य+यं ०, र+रं ० रखने से हमें प्राप्त होगा

$$(\text{य}+\text{यं}\ ०)^{३} - \text{क}\ (\text{य}+\text{यं}\ ०)^{२} + \text{क}\ (\text{य}+\text{यं}\ ०)\ (\text{र}+\text{रं}\ ०)$$
$$-(\text{र}+\text{रं}०)^{३} = ०,$$

$$\text{अर्थात् य}^{३} - \text{क य}^{२} + \text{क यर} - \text{र}^{३}$$
$$+ ३\ \text{य}^{२}\text{यं}\ ० + ३\ \text{य यं}^{२}\ ०^{२} + \text{यं}^{३}\ ०^{३}$$
$$- २\ \text{क य यं}\ ० - \text{क यं}^{२}\ ०^{२}$$
$$+ \text{क य रं}\ ० + \text{क यं}\ ० \text{र} + \text{क यं रं}\ ०^{२}$$
$$- ३\ \text{र}^{२}\ \text{रं}\ ० - ३\ \text{र रं}^{२}\ ०^{२} - \text{रं}^{३}\ ०^{३} = ० \qquad (ii)$$

(*i*) को (*ii*) में से घटा कर ० से भाग देने पर

$$\text{३ य}^{२}\text{यं}+\text{३ य यं}^{२}\,\text{०}+\text{यं}^{३}\,\text{०}^{२}-\text{२ क य यं}-\text{क यं}^{२}\,\text{०}$$

$$+\text{क य रं}+\text{क यं र}+\text{क यं रं ०}-\text{३ र}^{२}\text{रं}-\text{३ र रं}^{२}\,\text{०}-\text{रं}^{३}\,\text{०}^{२}=\text{०}.$$

हमने ० को एक अत्यल्प राशि माना है। अतः जिन पदों में यह राशि अथवा इसका कोई घात आता है, वे नगण्य हैं। ऐसे पदों की उपेक्षा करने से,

$$\text{३ य}^{२}\text{यं}-\text{२ क य यं}+\text{क य रं}+\text{क यं र}-\text{३ र}^{२}\text{रं}=\text{०}. \qquad (iii)$$

पाठक देखेंगे कि यदि हम समय को म से निरूपित करें और

$$\frac{\text{ता य}}{\text{ता म}}=\text{यं},\ \frac{\text{ता र}}{\text{ता म}}=\text{रं}$$

लिखें तो आधुनिक ढंग से (*i*) का अवकलन करने पर हमें समीकरण (*iii*) ही प्राप्त होगा। हम यहाँ **खण्डावकलन** (Partial Differentiation) और **पूर्णावकलन** (Total Differentiation) के संकेतों के अन्तर का विचार नहीं कर रहे हैं।

## सीमा विधि

जितने समय में प्रवाही राशि य बढ़ कर य+० हो जाती है, उतने समय में राशि $\text{य}^{\text{स}}$ बढ़ कर $(\text{य}+\text{०})^{\text{स}}$

हो जाती है।

द्विपद प्रमेय से इस व्यंजक का प्रसार करने से हमें

$$\text{य}^{\text{स}}+\text{स ० य}^{\text{स}-१}+\frac{\text{स}(\text{स}-१)}{\underline{|२}}\,\text{०}^{२}\,\text{य}^{\text{स}-२}+\ldots\ldots\ldots$$

प्राप्त होता है।

अतः जितने समय में राशि य में ० की वृद्धि होती है, उतने समय में राशि $\text{य}^{\text{स}}$ में

$$\text{स ० य}^{\text{स}-१}+\frac{\text{स}^{२}-\text{स}}{२}\,\text{०}^{२}\,\text{य}^{\text{स}-२}+\ldots\ldots\ldots$$

की वृद्धि होती है। इन दोनों वृद्धियों का अनुपात

$$\frac{\text{०}}{\text{स ० य}^{\text{स}-१}+\dfrac{\text{स}^{२}-\text{स}}{२}\,\text{०}^{२}\,\text{य}^{\text{स}-२}+\ldots\ldots\ldots},$$

अर्थात्
$$\frac{१}{\text{स य}^{\text{स}-१}+\dfrac{\text{स}^{२}-\text{स}}{२}\,\text{० य}^{\text{स}-२}+\ldots\ldots\ldots}$$

है।

अब यदि वृद्धि ० शून्य हो जाती है तो यह अनुपात

$$१ : स य^{न-१}$$

हो जाता है। अतः

$$\frac{\text{राशि य का प्रवाह}}{\text{राशि य}^{न} \text{ का प्रवाह}} = \frac{१}{स य^{स-१}}।$$

आधुनिक भाषा में हम कहते हैं कि

"राशि $य^{न}$ का, य के प्रति, अवकल गुणांक $य^{न-१}$ होता है।

हमने उपरिलिखित प्रसार में वृद्धि के लिए चिह्न ० का प्रयोग केवल सुविधा के लिए किया है। इस चिह्न का अर्थ 'शून्य' नहीं लगाना चाहिए।

## लिब्नीज

गॉटफ़ायड विलियम लिब्नीज़ (Gottf ied wilhelm Leibniz) का जीवन काल १६४६–१७१६ था। इसके पिताजी एक उच्च घराने के थे और नैतिक दर्शन के प्राध्यापक थे। इसके पुरखे तीन पीढ़ियों से जर्मन सरकार की नौकरी करते आये थे। प्रारम्भ में लिब्नीज़ का प्रवेश लाइप्ज़िग (Leipzig) के एक स्कूल में कराया गया, किन्तु यह ६ वर्ष का ही था जब इसके पिता का देहावसान हो गया। तब से इसकी शिक्षा स्वाध्याय द्वारा ही हुई। इसके पिता ने इसे बचपन से ही इतिहास का शौक़ दिलाया था। आठ वर्ष की अवस्था में ही इसने लॅटिन भी सीख ली। १२ वर्ष की अवस्था में यह ग्रीक भाषा सीखने लगा और लॅटिन में पद्य रचना करने लगा। तत्पश्चात् यह तर्क-शास्त्र के अध्ययन में लग गया और १५ वर्ष की अवस्था में क़ानून की शिक्षा के लिए इसने लाइप्ज़िग विश्वविद्यालय में नाम लिखा लिया।

पहले दो वर्ष तक तो लिब्नीज़ ने दर्शन का अध्ययन किया। सम्भवतः इन्हीं दिनों इसका संसर्ग पूर्वगामी दिग्गजों की कृतियों से हुआ, जैसे कॅपलर, गॅलीलियो, कार्डन, दः कार्ते। तब इसने गणित के अध्ययन का निश्चय किया। किन्तु इसकी गणितीय शिक्षा सुचारु रूप से तभी आरम्भ हुई जब कई वर्ष पश्चात् इस की पेरिस में हाइगॅन्स से भेंट हुई। अगले तीन वर्ष लिब्नीज़ ने क़ानून का अध्ययन किया और १६६६ में डाक्टर की उपाधि लेने का प्रयत्न किया। इसकी अल्पावस्था के कारण इसे उक्त उपाधि नहीं मिल पायी। इसने झूंझल में आकर सदैव के लिए लाइप्ज़िग छोड़ दिया। उसी वर्ष नूरॅम्बर्ग (Nuremburg) में इसे डाक्टर की उपाधि मिली। साथ ही इसे क़ानून के प्राध्यापक की गद्दी भी मिल रही थी किन्तु इसने उसे अस्वीकार कर दिया।

लिब्नीज़ अभी २१ वर्ष का भी नहीं था। किन्तु इसी अल्पावस्था में यह कई अभिपत्र लिख चुका था। ये लेख दार्शनिक विषयों पर थे। इन लेखों से इसकी ख्याति फैल गयी और इसे सरकारी नौकरी भी मिल गयी।

लिब्नीज़ की प्रतिभा बहुमुखी थी। इतिहास, क़ानून, साहित्य, धर्म, तर्कशास्त्र, दर्शन—सभी में इसने लम्बे लम्बे हाथ फेंके हैं। इनमें से प्रत्येक विषय में इसका काम

**लिब्नीज़ (१६४६–१७१६)**

[ डोवर पब्लिकेशंस, इन्कॉर्पोरेटेड. न्यूयॉर्क—१०, की अनुज्ञा से, डॉ० स्ट्रुइक कृत 'ए कॉन्साइज हिस्ट्री ऑफ़ मैथेमैटिक्स' ( १.७५ डॉलर ) से प्रत्युत्पादित। ]

इतना महत्वपूर्ण हुआ है कि उसी से इसका नाम अमर हो जाता। इसीलिए कुछ लोग कहते हैं कि लिब्नीज़ ने एक ही जीवन में अनेक जन्म भोग लिये।

१६७२ में लिब्नीज़ की हाइगेंस से भेंट हुई। कई वर्ष तक हाइगेंस ने लिब्नीज़ को गणित की शिक्षा दी। इन्हीं दिनों लिब्नीज़ ने एक **परिकलन यन्त्र** (Calculating Machine) बनाया। पास्कल के यन्त्र से तो केवल जोड़ना और घटाना ही सम्भव था। लिब्नीज़ के यन्त्र में गुणा, भाग और वर्गमूलन का भी समावेश था। १६७३ में यह लन्दन गया जहाँ इसने अपने यन्त्र का प्रदर्शन किया। यह रॉयल सोसायटी का अधिसदस्य बना लिया गया। कुछ महीने पश्चात् यह पेरिस लौटा और तभी से इसका उच्च गणित का अध्ययन आरम्भ हुआ जिसकी पराकाष्ठा अवकलन गणित और समाकलन गणित में हुई।

१६७६ में लिब्नीज़ हॅनोवर (Hanover) चला गया और फिर चालीस वर्ष तक वहीं ब्रन्स्विक (Brunswick) परिवार की सेवा में रहा। यह उक्त परिवार के पुस्तकालय का अध्यक्ष भी था। जीवन के अन्तिम दिन लिब्नीज़ के रोग शय्या पर कटे। इसकी मृत्यु पर किसी ने दो आँसू भी न बहाये। अन्तिम प्रयाण के समय इसके सचिव के अतिरिक्त और कोई भी उपस्थित नहीं था। एक व्यक्ति ने आँखों देखा हाल लिखा है कि "लिब्नीज़ के अन्तिम संस्कार उसकी प्रतिष्ठा के अनुकूल नहीं हुए वरन् ऐसे हुए जैसे किसी डकैत के हुआ करते हैं।"

लिब्नीज़ का एक महत्त्वपूर्ण आविष्कार यह है

$$\frac{\pi}{४}=१-\frac{१}{३}+\frac{१}{५}-\frac{१}{७}+-\dots\dots\dots$$

इस श्रेणी का आविष्कार ग्रेगरी पहले ही कर चुका था। १६७३ में लिब्नीज़ ने एक और फल सिद्ध किया--

$$\text{स्प}^{-१}\,\text{य}=\text{य}-\frac{१}{३}\,\text{य}^{३}+\frac{१}{५}\,\text{य}^{५}-\frac{१}{७}\,\text{य}^{७}+,\dots\dots$$

इस श्रेणी को भी ग्रेगरी निकाल चुका था। और अब्राहम शार्प (Abraham Sharp) (१६५१-१७४२) ने इसी के प्रयोग से ७२ स्थानों तक $\pi$ का मान निकाला था। जॉन मेशिन (John Machin) (१६८०-१७५१) ने इसी श्रेणी से यह निष्कर्ष निकाला :

$$\frac{\pi}{४}=४\,\text{स्प}^{-१}\,\frac{१}{५}-\text{स्प}^{-१}\,\frac{१}{२३९}$$

और इसकी सहायता से १७०६ में १०० स्थानों तक $\pi$ का मान निकाला। १८७४ में विलियम शैंक्स (William Shanks) (१८१२–८२) ने मेशिन सूत्र के प्रयोग से $\pi$ का मान ७०७ स्थानों तक निकाला।

**I.**

**NOVA METHODUS PRO MAXIMIS ET MINIMIS, ITEMQUE TANGENTIBUS, QUAE NEC FRACTAS NEC IRRATIONALES QUANTITATES MORATUR, ET SINGULARE PRO ILLIS CALCULI GENUS*).**

Sit (fig. 111) axis AX, et curvae plures, ut VV, WW, YY, ZZ, quarum ordinatae ad axem normales, VX, WX, YX, ZX, quae vocentur respective v, w, y, x, et ipsa AX, abscissa ab axe, vocetur x. Tangentes sint VB, WC, YD, ZE, axi occurrentes respective in punctis B, C, D, E. Jam recta aliqua pro arbitrio assumta vocetur dx, et recta, quae sit ad dx, ut v (vel w, vel y, vel z) est ad XB (vel XC, vel XD, vel XE) vocetur dv (vel dw, vel dy, vel dz) sive differentia ipsarum v (vel ipsarum w, vel y, vel z). His positis, calculi regulae erunt tales.

Sit a quantitas data constans, erit da aequalis 0, et $d\overline{ax}$ erit aequalis adx. Si sit y aequ. v (seu ordinata quaevis curvae YY aequalis cuivis ordinatae respondenti curvae VV) erit dy aequ. dv. Jam *Additio et Subtractio*: si sit z — y + w + x aequ. v, erit $d\overline{z-y+w+x}$ seu dv aequ. dz — dy + dw + dx. *Multiplicatio*: $d\overline{xv}$ aequ. xdv + vdx, seu posito y aequ. xv, fiet dy aequ. xdv + vdx. In arbitrio enim est vel formulam, ut xv, vel compendio pro ea literam, ut y, adhibere. Notandum, et x et dx eodem modo in hoc calculo tractari, ut y et dy, vel aliam literam indeterminatam cum sua differentiali. Notandum etiam, non dari semper regressum a differentiali Aequatione, nisi cum quadam cautione, de quo alibi. Porro *Divisio*: $d\frac{v}{y}$ vel (posito z aequ. $\frac{v}{y}$) dz aequ. $\frac{\pm vdy \mp ydv}{yy}$.

Quoad *Signa* hoc probe notandum, cum in calculo pro litera substituitur simpliciter ejus differentialis, servari quidem eadem signa, et pro + z scribi + dz, pro — z scribi — dz, ut ex addi-

*) Act. Erud. Lips. an. 1684.

लिब्नीज़ का कलन पर पहला अभिपत्र।

[डोवर पब्लिकेशंस, इन्कॉर्पोरेटेड न्यूयॉर्क—१०, की अनुज्ञा से डी स्ट्रुइक कृत 'ए कॉन्साइज़ हिस्ट्री ऑफ मॅथेमॅटिक्स (१.७५ डॉलर) से प्रत्युत्पादित।]

१६७३ में लिब्नीज ने वक्रों के क्षेत्रकलन पर एक अभिपत्र लिखा। उसमें यह

प्रमेय प्रतिपादित किया गया था—अधोलम्ब और भुज के अल्पांश का आयत कोटि और उसके अल्पांश के आयत के बराबर होता है। सांकेतिक भाषा में हम कहेंगे कि

अ तोय= र तोर [sub-normal$\times \delta x = y\ \delta y$]

इस समीकरण से लिब्नीज़ यह निष्कर्ष निकालता है

$\Sigma$ अ तोय = $\Sigma$ र तोर

हमने यह समीकरण आधुनिक संकेतलिपि में लिखा है। लिब्नीज़ ने $\Sigma$ के स्थान पर 'omn' का प्रयोग किया था जिसका अर्थ है 'समस्त।' दो वर्ष पश्चात् उसने 'omn' के स्थान पर 'Summa' का पहला वर्ण 'S' प्रयुक्त किया और उसे विकृत करके यह रूप— $\int$ दे दिया।

लिब्नीज़ ने इस प्रमेय का प्रयोग किया कि उपरिलिखित समीकरण के दक्षिण पक्ष में शून्य से लेकर समस्त आयतों को जोड़ने से कोटि के वर्ग का आधा प्राप्त होता है। और इस प्रकार यह सूत्र निकाल लिया—

$$\int \text{र तार} = \frac{१}{२}\text{र}^{२} \quad ।$$

लिब्नीज़ ने देखा कि संकलन का संकेत $\int$ फलन के घात को बढ़ा देता है। अतः उसने सोचा कि इसका उल्टा प्रसर—अवकलन—फलन के घात को घटा देगा। इस लिए उल्टे प्रसर का संकेत उसने 'Difference' का 'd' रखा और इसे हर में रखा—

$$\frac{1}{d}\left(\frac{1}{2}y^2\right) = y.$$

इसका कारण यह रहा होगा कि साधारणतया भाग द्वारा फलन का घात घट जाता है। जिस पाण्डुलिपि में ये संकेत पहले पहल प्रयुक्त हुए थे, २९ अक्तूबर १६७५ की लिखी हुई थी। अतः उक्त तारीख कलन के इतिहास में चिरस्मरणीय रहेगी।

लिब्नीज़ धीरे धीरे अपनी संकेतलिपि में परिवर्तन करता गया और कुछ समय पश्चात् उसने

$\dfrac{x}{d}$ के स्थान पर $dx$

लिखना आरम्भ कर दिया। बहुत दिनों तक वह यह नहीं समझता था कि $dx\ dy$ और $d\ (xy)$ में क्या अन्तर है।

१६७७ में लिब्नीज़ ने एक और अभिपत्र लिखा जिसमें अवकलन के कुछ नियम दिये, जैसे फलनों के योग, वियोग, गुणा और भाग के। उक्त अभिपत्र में कुछ उदाहरण भी दिये थे—

$$\text{ता } \sqrt{\text{य}} = \frac{१}{\sqrt{\text{य}}},$$

$$\text{ता } \frac{१}{\text{य}^{२}} = -\frac{२}{\text{य}^{२}} \text{ ।}$$

स्पष्ट है कि ये दोनों फल ग़लत हैं। एक अन्य स्थान पर पिछले फल का शुद्ध मान $-\frac{२}{\text{य}^{३}}$ भी दिया था।

लिब्नीज़ के ये आविष्कार लिखित रूप में १६७५–७७ में आ गये थे किन्तु इनका प्रकाशन १६८४ और १६८६ में हुआ। न्यूटन ने अपने आविष्कार तीन पुस्तिकाओं के रूप में १६६६, ७१ और ७६ में लिखे किन्तु उनका प्रकाशन क्रमशः १७११, १७३६ और १७०४ में हुआ।

१६९२ में न्यूटन रोग-ग्रस्त हो गया। उसकी भूख मिट गयी और निद्रा ने भी उसका साथ छोड़ दिया। अगले वर्ष जब वह रोगमुक्त हुआ तो उसने पहले पहल सुना कि यूरोप के महाद्वीप में लिब्नीज़ के कलन का प्रचार हो चुका है और सब लोग उसी को उसके आविष्कार का श्रेय दे रहे हैं। इस प्रकार यूरोप और इंग्लॅण्ड में 'प्राथमिकता का विवाद' उठ खड़ा हुआ। न्यूटन के समर्थन खुले आम कहने लगे कि लिब्नीज़ ने न्यूटन के गवेषणा कार्य की चोरी की है। यह सब को पता था कि लिब्नीज़ १६७३ में लन्दन गया था। और न्यूटन **'प्रवाह विधि'** पर अपनी पहली पुस्तिका की पाण्डुलिपि १६६६ में ही तैयार कर चुका था। अतः लोगों ने यह अनुमान लगाया कि लिब्नीज़ ने अकस्मात् अथवा धोके में उक्त पाण्डुलिपि प्राप्त कर ली और उसमें से कुछ सामग्री उड़ा लीं।

गणित के इतिहास में इस ढंग के विवाद का कोई दूसरा उदाहरण कठिनाई से ही मिलेगा। पत्रों और पत्रिकाओं में अनेक लेख प्रकाशित हुए और रायॅल सोसायटी ने उक्त विवाद पर अपनी प्रतिवेदना देने के लिए एक विशेष समिति नियुक्त की। प्रतिवेदना १७१२ में प्रकाशित हुई और उसके आधार पर इंग्लॅण्ड वालों ने यह निर्णय कर दिया कि लिब्नीज़ ने बेईमानी की है। १८४६ में डी मॉर्गन ने उक्त विवाद पर पुनर्विचार किया और लिब्नीज़ को निर्दोष ठहराया।

न्यूटन और लिब्नीज़ का पारस्परिक सम्बन्ध आरम्भ में बहुत अच्छा था बल्कि दोनों एक दूसरे का आदर करते थे और घनिष्ठ मित्र थे। किन्तु उपरिलिखित विवाद से उनमें कटुता आ गयी और वह एक दूसरे से कुनह करने लगे। इस प्रकार एक निराधार बात के कारण दो मित्र एक दूसरे से पृथक् हो गये। विवाद के समस्त पक्षों पर विचार करके हम इन निष्कर्षों पर पहुँचते हैं—

(१) न्यूटन ने कलन का आविष्कार लिब्नीज़ से कई वर्ष पहले किया।

(२) यह सम्भव है कि लिब्नीज़ ने उड़ते उड़ते न्यूटन के कार्य का कुछ आभास पा लिया हो।

(३) जब लिब्नीज़ लन्दन गया, उसके न्यूटन की हस्तलिपि प्राप्त कर लेने की तनिक भी सम्भावना नहीं है।

(४) लिब्नीज़ की कार्य प्रणाली न्यूटन की प्रवाह विधि से सर्वथा भिन्न है। दो विभिन्न मार्गों से दोनों एक ही स्थान पर पहुँच गये।

(५) प्रकाशन में लिब्नीज़ न्यूटन से कई वर्ष पहले रहा।

अतः लिब्नीज़ पर चोरी का आरोप लगाना मिथ्याचार है। कलन के आविष्कार का श्रेय न्यूटन और लिब्नीज़ दोनों को मिलना चाहिए।

## (६) पश्चिम में आधुनिक काल

### (सत्रहवीं, अट्ठारहवीं और उन्नीसवीं शताब्दियाँ)

### बर्नोली (Bernoulli) परिवार

बर्नोली परिवार का इतिहास बड़ा ही विलक्षण रहा है। तीन पीढ़ियों में इस परिवार में नौ गणितज्ञ अथवा भौतिकीज्ञ हुए हैं जिनमें से कई का कार्य तो अद्भुत हुआ है। किसी भी विषय के इतिहास में ऐसा ज्वलन्त उदाहरण कठिनाई से ही मिलेगा। इन नौ में से चार की कृतियाँ इतनी महत्त्वपूर्ण हुईं कि उन्हें पेरिस की विज्ञान परिषद् ने विदेशी सदस्य निर्वाचित कर लिया। आज तक उक्त परिवार की सन्तति में १२० वंशजों का पता चल पाया है जिनमें से अधिकांश बड़े मेधावी हुए हैं। इन्होंने भिन्न भिन्न क्षेत्रों में प्रमुखता प्राप्त की है—विज्ञान, साहित्य, प्रशासन, कला, क़ानून आदि। शेष व्यक्तियों में से भी एक भी ऐसा नहीं है जो अपने व्यवसाय में असफल रहा हो। और एक विशेषता यह भी है कि इस परिवार के जो सदस्य गणितज्ञ हुए हैं उनमें से अधिकांश ने पहले कोई अन्य व्यवसाय अपनाया, और तत्पश्चात् परिस्थितियों ने

उन्हें गणित के क्षेत्र में धकेल दिया। यूँ कहना चाहिए कि गणित उनके गले पड़ गया। हम यहाँ उक्त परिवार की वंशावली देते हैं—

**निकोलस अग्रज (१६२३–१७०८)**

- जेकब १ (१६५४--१७०५)
- निकोलस १ (१६६२–११६)
  - निकोलस २ (१६८७–१७५९)
- जॉन १ (१६६७–१७४८)
  - निकोलस ३ (१६९५–१७२६)
  - डैनियॅल १ (१७००–८२)
  - जॉन २ (१७१०–९०)
    - जॉन ३ (१७४६–१८०७)
    - डॅनियॅल २ (१७५१–१८३४)
    - जेकब २ (१७५९–८९)

बर्नौली परिवार १५८३ में ऍण्टवर्प (Antwerp) से भाग कर स्विट्ज़रण्लॅड आया था। जहाँ तक पता चला है इस परिवार के सबसे पहले पूर्वज ने एक व्यापारी की लड़की से विवाह किया था। तब से इस परिवार का व्यवसाय व्यापार ही हो गया जिसमें पीढ़ी दर पीढ़ी ये लोग पैसा कमाते गये। गणितीय परम्परा निकोलस के पुत्रों से आरम्भ होती है जो स्वयं एक व्यापारी था।

जेकब (Jacob) १ अथवा जॅक (Jacques) १ (१६५४–१७०५) ने पहले धर्मशास्त्र का अध्ययन किया किन्तु इसकी अभिरुचि गणित, भौतिकी और ज्यौतिष में थी। फ्रांस, हॉलॅण्ड, बॅल्जियम और इंग्लॅण्ड का चक्कर लगाकर १६८२ में यह स्विट्ज़रलॅण्ड लौटा और तब इसने कलन का अध्ययन आरम्भ किया। १६८७ से जीवन पर्यन्त यह बेसिल (Basle) में गणित का प्राध्यापक रहा। यदि इसके पिता की चली होती तो यह धर्म प्रचारक हुआ होता। इसीलिए इसने अपने जीवन में इस कहावत को अपनाया—"अपने पिताजी की इच्छा के विरुद्ध मैं सितारों का अध्ययन करूँगा।"

तीन शाखाओं में जेकब का कार्य महत्त्वपूर्ण रहा है—

(i) सम्भाव्यता सिद्धान्त

(ii) वैश्लेषिक ज्यामिति

(iii) विचरण कलन (Calculus of Variations)

विचरण कलन का उद्गम लोकोक्तियों पर आधृत है। कहते हैं कि जब कार्थज (Carthage) नगर की नीव डाली गयी थी तो प्रत्येक व्यक्ति को इतनी भूमि दी

गयी थी जिसकी चौहद्दी वह दिन भर में जोत सके। प्रत्येक व्यक्ति अधिक से अधिक भूमि लेना चाहता था। अब प्रश्न यह था कि कौन सी आकृति की नाली बनायी जाय कि उसके अन्दर अधिक से अधिक भूमि समा जाय? गणितीय भाषा में हम यों कहेंगे कि यदि परिमाप (Perimeter) दिया है तो कौन सी आकृति बनायी जाय जिसका क्षेत्रफल अधिक से अधिक हो? इसे **समपरिमापीय** (Isoperimetric) समस्या कहते हैं। जेकब ने इसे हल किया और इससे एक अधिक सार्विक फल भी निकाला। गणित के विद्यार्थी जानते हैं इस प्रश्न का उत्तर है 'वृत्त' यद्यपि इस प्रश्न की परुष उपपत्ति देना सरल नहीं है।

हम पिछले पन्नों में इस बात का उल्लेख कर चुके हैं कि चक्रज एक द्रुततमपात वक्र है। इस तथ्य का पता कई गणितज्ञों ने एक साथ लगाया था जिनमें जेकब १ और जॉन १ भी थे। द्रुततमपात समस्या से ही मिलती जुलती एक समस्या यह भी है—

"वह कौन सा वक्र है जिसके किसी भी बिन्दु से सब से नीचे के बिन्दु तक गिरने में समान समय लगे?"

आश्चर्य की बात है कि यह गुण भी चक्रज में ही है। अतः चक्रज **समकालवक्र** (Tautochrone) भी है।

जेकब ने रज्जुका और **लघुगणकीय सर्पिल** (Logarithmic Spiral) के भी बहुत से गुण आविष्कृत किये। उक्त सर्पिल का एक रोचक गुण यह है कि 'इसका **केन्द्रज** (Evolute) भी एक ऐसा ही सर्पिल होता है।' जेकब इस वक्र के इस गुण से इतना प्रभावित हुआ कि उसने यह निर्देश कर दिया कि "मेरी क़ब्र पर यही सर्पिल खींच दिया जाय और उसके नीचे लिख दिया जाय कि 'मैं चोले बदल बदल कर बार बार आऊँगा।' **'बर्नोली संख्याएं'** जेकब के नाम से ही प्रसिद्ध हैं।

जॉन (Johann) १ (१६६७–१७४८) को उसके पिता एक व्यापारी बनाना चाहते थे। उसका स्वयं यह विचार था कि औषधि विज्ञान अथवा साहित्य का अध्ययन करे। अट्ठारह वर्ष की अवस्था में उसने एम० ए० की उपाधि प्राप्त की किन्तु उसे शीघ्र ही पता चल गया कि उसका स्वधर्म गणितशास्त्र था। १६९५ में वह ग्रोनिंगन (Gronnigen) में गणित का प्राध्यापक हुआ। १७०५ में जेकब १ की मृत्यु के पश्चात् वह बेसिल में उसके स्थान पर नियुक्त हो गया।

जॉन भी अपने भाई जेकब से कम नहीं था। इसकी कृतियाँ मात्रा में तो जेकब के कार्य से अधिक ही रही हैं। चक्रज और समकाल वक्रों के अतिरिक्त इसने कई अन्य प्रकरणों पर लेखनी उठायी—वक्रों का चापकलन और क्षेत्रकलन, कोणों और चापों

का बहुविभाजन, अवकल समीकरण। इतना ही नहीं, इसने गणित के अतिरिक्त कई अन्य विषयों में भी प्रतिभा दिखायी है, जैसे ज्यौतिष, रसायन, भौतिकी, यान्त्रिकी, चाक्षुषी और ज्वार भाटे के सिद्धान्त पर इसका कार्य महत्त्वपूर्ण रहा है।

जॉन और जेकब में पटती नहीं थी। जॉन स्वभाव से ही झगड़ालू था। इतना ही नहीं, यह अपने भाई की कृतियों में से चोरी करके अपने नाम से छाप दिया करता था। और उल्टा जेकब पर चोरी का आरोप लगाया करता था। जॉन ईर्ष्यालु भी था। एक बार फ्रांस की गणितीय परिषद् ने एक पुरस्कार की घोषणा की। जॉन और उसका लड़का निकोलस (Nicolaus) ३ प्रतियोगिता में उतर पड़े। पुत्र को पुरस्कार मिल गया और पिता मुँह ताकता रह गया। झूंझल में आकर जॉन ने पुत्र को घर से निकाल दिया।

१६९६ में जब जेकब ने अपनी समपरिमापीय समस्या प्रकाशित की थी और उस पर एक पुरस्कार देन की भी घोषणा की थी तो जॉन ने उसका हल निकाल कर जेकब के पास भेजा था किन्तु जेकब ने उसे स्वीकार नहीं किया।

इसमें सन्देह नहीं कि जॉन में अद्भुत मानसिक और शारीरिक शक्ति थी और वह अस्सी वर्ष की अवस्था तक बराबर कार्य में संलग्न रहा। आधुनिक अर्थ में 'Integral' शब्द का प्रयोग सबसे पहले उसी ने किया था। उसने काल्पनिक राशि ए $(=\sqrt{-१})$ की सहायता से कई वास्तविक फल निकाले, जैसे स्प क्ष के पदों में स्प सक्ष का प्रसार।

निकोलस १ (१६६२–१७१६) भी जेकब का भाई ही था। इसने १६ वर्ष की अवस्था में बेसिल से दर्शन में डाक्टर की उपाधि ली और बीस वर्ष की अवस्था में क़ानून की उच्चतम उपाधि प्राप्त की। पहले यह क़ानून का प्राध्यापक हुआ और तत्पश्चात् गणित का।

निकोलस १ का पुत्र निकोलस २ था जिसका जीवन काल १६८७–१७५९ था। इसने भी क़ानून में शिक्षा प्राप्त की और इसकी पहली पुस्तक का विषय था 'क़ानूनी प्रकरणों में सम्भाव्यता।' यह पहले पडुआ में गणित का प्राध्यापक हुआ और तत्पश्चात् बेसिल में। इसकी कृतियाँ ज्यामिति और अवकल समीकरणों पर हैं। इसने १७१३ में अपने ताऊ की एक पुस्तक का भी सम्पादन किया जिसका विषय सम्भाव्यता था।

निकोलस ३ जॉन १ का सबसे बड़ा पुत्र था। इसका स्थितिकाल १६९५–१७२६ था। यह तीन वर्ष बर्न (Berne) में क़ानून का प्राध्यापक रहा। यह और इसका भाई डॅनियॅल (Daniel) प्रॅट्रोग्राड (Petrograd) की परिषद् में

गणित के प्राध्यापक नियुक्त हुए किन्तु नियुक्ति के आठ महीने पश्चात् ही निकोलस की मृत्यु हो गयी। इसके कुछ अभिपत्र इसके पिता की कृतियों के अन्तर्गत ही प्रकाशित हुए हैं।

डॅनियॅल १ (१७००–८२) निकोलस ३ का छोटा भाई था। इसके पिता ने इसे व्यापार में डालना चाहा किन्तु इस ने औषधि-विज्ञान का अध्ययन किया। ग्यारह वर्ष की अवस्था में ही इसने बड़े भाई से गणित की शिक्षा प्राप्त करनी आरम्भ कर दी। यह वैद्य होते न होते गणितज्ञ बन गया। जैसा ऊपर लिखा जा चुका है, यह पहले पैंट्रोग्राड में प्राध्यापक हुआ। १७३३ में यह बेसिल में **शारीर** (Anatomy) और वनस्पतिशास्त्र का प्राध्यापक नियुक्त हो गया और तत्पश्चात् दर्शन का। इसकी गणितीय कृतियों के विषय कलन, अवकल समीकरण और सम्भाव्यता हैं। इसके अतिरिक्त प्रयोजित गणित और भौतिकी में भी इसका कार्य महत्त्वपूर्ण रहा है। कुछ लोग तो इसे गणितीय भौतिकी का जन्मदाता कहते हैं।

डॅनियॅल को पेरिस की परिषद से दस बार पारितोषिक मिला। दूसरी बार का पारितोषिक इसे और इसके पिता को मिलाकर दिया गया था। तीसरी बार के पारितोषिक का विषय ज्वार भाटा था और वह इस को ऑयलर, मॅक्लॉरिन और एक अन्य प्रतियोगी के साथ दिया गया था। एक बार इसने 'बल समान्तर-चतुर्भुज' (Parallelogram of Forces) का प्रदर्शन भी किया था।

डॅनियॅल के विषय में डा० हटन (Hutton) ने दो रोचक घटनाओं का उल्लेख किया है जो Philosophical and Mathematical Dictionary के पृ० २०५ पर प्रकाशित हुई हैं—

(i) एक बार डॅनियॅल किसी अपरिचित विद्वान् के साथ यात्रा कर रहा था। सहयात्री इसकी बातचीत से बहुत प्रभावित हुआ। उसने इसका नाम पूछा। इसने कहा "मैं हूँ डॅनियॅल बर्नोली।" अपरिचित समझा कि यह खिल्ली उड़ा रहा है, और बोला कि "और मैं हूँ आइज़क न्यूटन।"

इस घटना से पता चलता है कि डॅनियॅल की ख्याति कितनी फैल चुकी थी।

(ii) एक बार डॅनियॅल प्रसिद्ध गणितज्ञ कोनिग (Koenig) (मृत्यु १७५७) के साथ भोजन कर रहा था। कोनिग ने बड़े गर्व से इसे अपना एक प्रश्न और उसका हल बताया जो उसने बड़े परिश्रम से निकाला था। भोजन के उपरान्त जब दोनों क़हवा पीने लगे तब डॅनियॅल ने उसको उक्त प्रश्न का एक और हल दे दिया जो उसके हल से बढ़कर था।

जॉन १ का सबसे छोटा पुत्र जॉन २ था जिसका जीवन काल १७१०–९० था। इसने भी आरम्भ में क़ानून का ही अध्ययन किया था किन्तु कुछ समय पश्चात् बेसिल में **वाग्मिता** (Eloquence) का प्राध्यापक नियुक्त हुआ और अन्त में पिता की गद्दी पर बैठ गया। इसका प्रमुख कार्य भौतिकी में हुआ और इसे भी तीन बार पेरिस का पारितोषिक मिला।

जॉन २ का बड़ा पुत्र जॉन ३ (१७४६–१८०७) था। इसने भी क़ानून और दर्शन से आरम्भ किया और अन्त में गणित पर जा टिका। १९ वर्ष की अवस्था में यह बर्लिन में राजकीय ज्यौतिषी नियुक्त हुआ। इसकी कृतियाँ अनिर्णीत समीकरणों, सम्भाव्यता, आवर्त दशमलव और ज्यौतिष पर हैं।

जॉन २ का दूसरा पुत्र जेकब २ था जिसका जीवन काल १७५९–८९ था। अपने कई पूर्व गामियों की ही भाँति इसने भी पहले क़ानून का अध्ययन किया किन्तु कुछ ही समय पश्चात् इसने गणित और प्रायोगिक भौतिकी को अपना लिया।

इसका विवाह ऑयलर की एक नतनी से हुआ था। यह भी पैट्रोग्राड परिषद का सदस्य हो गया था किन्तु ३० वर्ष की अल्पावस्था में ही डूबने से इसकी मृत्यु हो गयी।

यूं तो बर्नोली परिवार में और भी कई गणितज्ञ हुए हैं किन्तु उन्होंने कोई प्रमुखता प्राप्त नहीं की। हम उन में से कुछ के नाम यहाँ देते हैं—

(१) डॅनियॅल २ (१७५१–१८३४)—जॉन २ का दूसरा पुत्र।
(२) क्रिस्टफ (Christoph) (१७८२–१८६३)—डॅनियॅल २ का पुत्र।
(३) गस्टेव (Gustave) (१८११–१८६३)—क्रिस्टफ का पुत्र।

## रिकॅटी (Riccati) परिवार

जेॅकोपो फ्रॅंसॅस्को रिकॅटी (Jacopo Francesco Riccati) इटली का एक गणितज्ञ था जिसका जीवन काल १६७६–१७५४ था। इसने पडुआ विश्वविद्यालय में शिक्षा पायी जहाँ से यह १६९६ में स्नातक हुआ। इसकी बड़ी ख्याति थी और समस्त वैज्ञानिक विषयों में लोग इसकी राय लिया करते थे। इसका नाम पैट्रोग्राड की परिषद की अध्यक्षता के लिए प्रस्तावित किया गया किन्तु इसने इटली छोड़ना पसन्द नहीं किया, अतः अस्वीकार कर दिया। इसने कई विषयों पर अपनी लेखनी उठायी, जैसे अवकल समीकरण, भौतिकी, मापिकी, दर्शन। इसने न्यूटन के सिद्धान्तों का भी प्रचार किया। इसकी कृतियों का सम्पादन इसके लड़कों ने इस की मृत्यु के पश्चात किया और उन्हें १७५८ में चार भागों में प्रकाशित किया।

रिकॅटी का नाम इस अवकल समीकरण से सम्बद्ध है––

$$\frac{\text{तार}}{\text{ताय}} = \text{क} + \text{ख र} + \text{ग र}^{2} \text{ ।}$$

इस समीकरण पर जेकब बर्नोली ने परिश्रम किया था। रिकॅटी ने इसकी कुछ विशिष्ट दशाओं के हल निकाले। डॅनियॅल बर्नोली ने इसका पूर्ण रूप से साधन कर दिया। इस समीकरण के हल का पूरा विवरण इस लेख में मिलेगा––

J. W. L. Glaisher : Philosophical Transactions (1881)

जॅकोपो का द्वितीय पुत्र विन्सॅन्ज़ो रिकॅटी ( Vincenzo Riccatti) (१७०७–७५) भी एक गणितज्ञ था। यह बोलोना के एक कॉलिज में प्राध्यापक था। त्रिकोणमिति में **अतिपरवलीय फलनों** ( Hyperbolic Functions ) का प्रवेश सर्वप्रथम इसी ने किया था। इसके अतिरिक्त इसके प्रिय विषय थे––श्रेणियाँ, क्षेत्रकलन, अवकल समीकरण आदि।

इसी परिवार के दो और गणितज्ञ उल्लेखनीय हैं––

(i) जॅकोपो का तृतीय पुत्र जियॉर्डानो रिकॅटी ( Giordano Riccati ) (१७०९–९०); प्रिय विषय––ज्यामिति, घन समीकरण, न्यूटोनी दर्शन।

(ii) जॅकोपो का पाँचवाँ पुत्र फ्रॅसॅस्को रिकॅटी ( Francesco Riccati ) (१७१८–९१); प्रिय विषय––वास्तुकला पर ज्यामिति का प्रयोग।

रोजर कोट्स (Roger Cotes) (१६८२–१७१६) इंग्लॅण्ड के एक पादरी का पुत्र था। इसकी प्रारम्भिक शिक्षा लन्दन के सेण्ट पॉल के स्कूल में हुई थी। तत्पश्चात् यह केम्ब्रिज के ट्रिनिटी कॉलिज में प्रविष्ट हुआ। केम्ब्रिज में १७०४ में ज्यौतिष की एक गद्दी की स्थापना हुई थी। उक्त गद्दी पर सर्व प्रथम कोट्स की ही नियुक्ति हुई, और वह भी २४ वर्ष की अल्पावस्था में। डा० बॅण्टले ( Bentley ) के आग्रह पर कोट्स ने न्यूटन की प्रिन्सीपिया का दूसरा संस्करण निकाला। अपने जीवन काल में तो कोट्स केवल दो अभिपत्र ही प्रकाशित कर सका। उसकी समस्त कृतियाँ उसकी मृत्यु के पश्चात् उसके एक सम्बन्धी डा० रॉबर्ट स्मिथ ( Robert Smith ) ने प्रकाशित कीं। स्मिथ कोट्स का भाई लगता था और केम्ब्रिज की उपरिलिखित गद्दी पर उसका उत्तराधिकारी हुआ। उसका जीवन काल १६८९–१७६८ था।

कोट्स की मृत्यु पर न्यूटन ने यह टीका की थी––"यदि कोट्स जीवित रहता तो हमें कुछ बता जाता।" इस से पता चलता है कि न्यूटन कोट्स का कितना आदर

करता था। कोट्स के संग्रह का नाम रखा गया था **'हारमोनिया मेंसुरेरम'** (Harmonia Mensurarum)। ग्रन्थ का यह नाम इस प्रमेय के कारण पड़ा जो उसमें समाविष्ट है--

यदि मू के मध्येन कुछ सदिश त्रिज्याएँ ( Radii Vectores ) खींची जायँ और उनमें से प्रत्येक पर एक बिन्दु पा ऐसा लिया जाय कि

$$\frac{१}{\text{मूपा}} = \frac{१}{\text{स}}\left(\frac{१}{\text{मूपा}_१} + \frac{१}{\text{मूपा}_२} + \frac{१}{\text{मूपा}_३} + \ldots\ldots\ldots \frac{१}{\text{पूपा}_\text{स}}\right),$$

तो पा का बिन्दुपथ ( Jocus ) एक ऋजु रेखा होगी।

कोट्स ने १७१० में यह सूत्र दिया था--

$$\text{लघु (कोज् क्ष} + \text{ए ज्या क्ष}) = \text{ए क्ष}, \qquad (\text{ए} = \sqrt{-१})$$

किन्तु यह प्रकाशित हुआ १७२२ में उसके संग्रह के अन्तर्गत।

इसी सूत्र से दः म्वाव्रे प्रमेय निकला है :

$$(\text{कोज् क्ष} + \text{ए ज्या क्ष})^\text{स} = \text{कोज् सक्ष} + \text{ए ज्या सक्ष}\ ।$$

यह प्रमेय दः म्वाव्रे ने १७३० में प्रकाशित किया किन्तु १७०७ में दः म्वाव्रे यह सूत्र दे चुका था--

$$\tfrac{1}{2}\,(\text{कोज् सक्ष} + \text{ए ज्या सक्ष})^{\frac{1}{\text{स}}} + \tfrac{1}{2}\,(\text{कोज् सक्ष} - \text{ए ज्या सक्ष})^{\frac{1}{\text{स}}} = \text{कोज् क्ष}\ ।$$

इससे यह अनुमान होता है कि सम्भवतः दः म्वाव्रे को अपने प्रमेय का पूर्वाभास १७०७ में ही हो गया था।

ऑयलर ने १७४८ में यह सूत्र दिया था--

$$\text{इ}^{\text{ए च}} = \text{कोज् क्ष} + \text{ए ज्या क्ष},$$

$$\text{जिसमें इ} = १ + १ + \frac{१}{\lfloor २} + \frac{१}{\lfloor ३} + \frac{१}{\lfloor ४} + \ldots\ldots$$

इसके अतिरिक्त ऑयलर ने १७४८ में ही ये सूत्र भी दिये थे--

$$\text{कोज् क्ष} = \frac{\text{इ}^{\text{ए च}} + \text{इ}^{-\text{ए च}}}{२},$$

$$\text{ज्या क्ष} = \frac{\text{इ}^{\text{ए च}} - \text{इ}^{-\text{ए च}}}{२\text{ए}}\ ।$$

स्पष्ट है कि ये सूत्र भी कोट्स के सूत्र से निकाले जा सकते हैं।

कोट्स का एक अन्य प्रमेय बहुत प्रसिद्ध हो गया है—

मान लीजिए कि का, खा, गा,......किसी सम बहुभुज के शीर्ष हैं जो किसी वृत्त के अन्दर अर्न्तलिखित है। मान लीजिए कि पा वृत्त के अन्दर अथवा बाहर कोई बिन्दु है जो मूका पर स्थित है। तो, यदि वृत्त की त्रिज्या त है, और मूपा=य, तो

पा का. पा खा. पागा.....स गुणन खण्डों तक

=त$^{स}$—य$^{स}$ अथवा य$^{स}$—त$^{स}$,

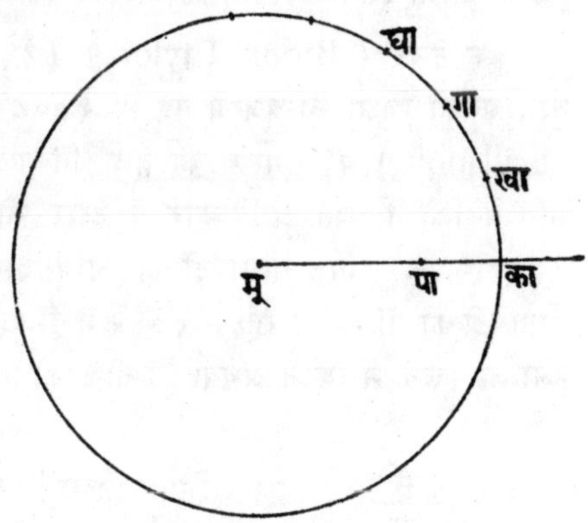


कोट्स के एक प्रमेय का वृत्त।

यदि बिन्दु पा क्रमशः वृत्त के अन्दर अथवा बाहर स्थित हो।

इस प्रमेय को **'वृत्त का कोट्स गुण'** (Cotes' Property of the Circle) कहते हैं।

कोट्स ने इस वक्र का भी अध्ययन किया था—

$$क = त^{2} क्ष \quad (a=r^2\theta),$$

जिसका नाम उसने लिटुअस ( Lituus ) रखा था।

यदि पाठक थोड़ी देर धैर्य रखें तो हम निकोलस सॉन्डर्सन (Nicholas Saunderson) ( १६८२–१७३९ ) से भी निबटते चलें। इस का जन्म इंगलॅण्ड के थर्ल्स्टन (Thurlstone) नगर में हुआ था। जब यह एक वर्ष का था तभी चेचक से इसकी आँखें जाती रही थीं। नेत्रहीन अवस्था में ही इसने ग्रीक, लॅटिन और गणित का अध्ययन किया। १७०७ में यह केम्ब्रिज में न्यूटोनी सिद्धान्त पर अध्यापन कार्य करने लगा। यह व्हिस्टन (Whiston) का शिष्य था और १७११ में उसी के स्थान पर, केम्ब्रिज की गणित की गद्दी पर आरूढ़ हो गया। १७२८ में इसे क़ानून के डाक्टर की उपाधि मिली और १७३६ में यह रॉयल सोसायटी का अधिसदस्य हो गया।

सॉन्डर्सन ने एक परिकलन यन्त्र का आविष्कार किया था जिससे अंकगणितीय और बीजगणितीय क्रियाएँ स्पर्श मात्र से की जा सकती हैं। उक्त यन्त्र का विवरण

इसने अपनी बीजगणित की पुस्तक में दिया है जो इसकी मृत्यु के पश्चात् १७४० में दो भागों में प्रकाशित हुई। 'प्रवाह विधि' पर इसका एक ग्रन्थ १७५१ में प्रकाशित हुआ। यों भी इसने न्यूटोनी सिद्धान्तों का यथेष्ट प्रचार किया।

ब्रुक टेलर ( Brook Taylor ) (१६८५–१७३१) एक अंग्रेज़ गणितज्ञ था। इसकी शिक्षा केम्ब्रिज में हुई। १७०८ में इसने **दोलन केन्द्र** (Centre of Oscillation ) की समस्या का हल निकाला जो १७१४ में प्रकाशित हुआ। जॉन बर्नोली ने उक्त आविष्कार में टेलर की प्राथमिकता स्वीकार नहीं की है। १७१२ में टेलर रॉयल सोसायटी का अधिसदस्य निर्वाचित हुआ और चार वर्ष तक सोसायटी का सचिव भी रहा। १७१२ में ही यह उक्त समिति का भी सदस्य नियुक्त हुआ जो कलन में न्यूटन अथवा लिब्नीज़ की प्राथमिकता सिद्ध करने के लिए बनायी गयी थी।

१७१५ में टेलर ने एक अभिपत्र लिखा जिसमें यह प्रमेय दिया—

$$\text{फ}\,(\text{य}+\text{ट}) = \text{फ}(\text{य}) + \text{ट}\,\text{फ}'(\text{य}) + \frac{\text{ट}^{२}}{\underline{|२}}\text{फ}''(\text{य}) + \frac{\text{ट}^{३}}{\underline{|३}}\text{फ}'''(\text{य}) + \ldots\ldots$$

इसी फल को आजकल **टेलर श्रेणी** ( Taylor Series ) कहते हैं। कलन का प्रत्येक विद्यार्थी इस श्रेणी से भली भाँति परिचित होता है। टेलर के समय से आज तक इसके बहुत से संशोधित रूप प्रस्तुत किये जा चुके हैं।

उसी अभिपत्र में टेलर ने उच्च गणित की एक नयी शाखा का श्री गणेश किया था: **सान्त अन्तर कलन** ( Calculus of Finite Differences )। इसने कम्पमान डोरी (Vibrating String) की गति निकालने में उक्त विषय का प्रयोग किया था। इस की अन्य कृतियों के विषय ये थे—भौतिकी, लघुगणक, दृष्टि-साम्य ( Perspective )। लोग कहते हैं कि 'न्यूटन और कोट्स के पश्चात् टेलर ही इंग्लॅण्ड का ऐसा गणितज्ञ हुआ है जिसने बर्नोलियों से मुचैटा लिया। किन्तु इसमें अभिव्यंजना शक्ति की कमी थी।

जेम्स स्टर्लिंग ( James Stirling ) ( १६९२–१७७० ) की शिक्षा ग्लास्गो (Glasgow) और ऑक्स्फ़ोर्ड (Oxford) में हुई। कुछ राजनीतिक कारणों से इसे ऑक्स्फ़ोर्ड छोड़ना पड़ा और इसने वेंनिस (Venice ) में प्राध्यापकत्व स्वीकार कर लिया। वेंनिस में यह दस वर्ष रहा। इसकी न्यूटन और निकोलस बर्नोली से मित्रता थी। इसने १७१७ में घन वक्रों पर एक अभिपत्र लिखा। न्यूटन ने ऐसे वक्रों को बहत्तर जातियों में विभक्त किया था। वर्गीकरण के जो सिद्धान्त न्यूटन

ने स्थिर किये थे, उनके अनुसार इन वक्रों की ६ जातियाँ देने से रह गयी थीं। स्टर्लिंग ने इस कमी को पूरा कर दिया।

१७३० में स्टर्लिंग ने अनन्त श्रेणियों पर एक अभिपत्र लिखा जिसमें श्रेणियों के रूपान्तरों का विवेचन किया गया था। उक्त अभिपत्र का एक महत्त्वपूर्ण फल इस प्रकार है—

$$\frac{१}{ल^२} = \sum_{स=१}^{\infty} \frac{१}{स} \cdot \frac{स\,!}{ल\,(ल+१)\,(ल+२)\ldots\ldots\ldots(ल+स)}\ ।$$

इसके अतिरिक्त स्टर्लिंग के दो अन्य सूत्र प्रसिद्ध हो गये हैं—

$$\text{(i)}\ लघु\ (स\,!) = (स+\tfrac{१}{२})\ लघु\,स - स + \tfrac{१}{२}\ लघु\ (२\,\pi) + \frac{ब_१}{१.२\,स} - \frac{ब_२}{३.४\,स^३} + \ldots\ldots\ldots,$$

जिसमें $ब_१$, $ब_२$, .........बर्नोली संख्याएँ हैं।

इस फल को **स्टर्लिंग श्रेणी** (Stirling Series) कहते हैं।

$$\text{(ii)}\ \Gamma\left(१+य\right)\quad इ^{-प}\ य^{प}\left(२\,\pi\,य\right)^{\frac{१}{२}}$$

इस सूत्र को **स्टर्लिंग अनन्तस्पर्शी सूत्र** (Stirling Aymptotic Formula) कहते हैं।

स्टर्लिंग ने दो प्रकार की संख्याओं का भी आविष्कार किया था जिन्हें स्टर्लिंग सख्याएँ (Stirling Numbers) कहते हैं। स्थान के अभाव के कारण हम यहाँ उनका विवरण देने में असमर्थ हैं।

कोलिन मॅक्लॉरिन (Colin Maclaurin) (१६९८–१७४६) स्कॉलॅण्ड का एक गणितज्ञ था। इसकी शिक्षा ग्लासगो विश्वविद्यालय में हुई थी। बारह वर्ष की अवस्था में इसे यूक्लिड की एक प्रति मिल गयी। दो चार दिन में ही इसने उसके ६ भाग उदरस्थ कर लिये। पन्द्रह वर्ष की अवस्था में इसने एम० ए० की उपाधि प्राप्त की, उन्नीसवें वर्ष यह ऐंबर्डीन (Aberdeen) में गणित का प्राध्यापक नियुक्त हुआ और इक्कीसवें वर्ष रॉयल सोसायटी का अधिसदस्य निर्वाचित हो गया। उसी वर्ष इसका न्यूटन से परिचय हुआ और उसी वर्ष इसने अपनी पहली पुस्तक प्रकाशित की। उक्त ग्रन्थ में इसने न्यूटन के कई प्रमेयों का विकास किया और शांकवों के जनन की विधि दी। दो वर्ष पश्चात् इसने उक्त पुस्तक का परिशिष्ट प्रकाशित किया जिसमें यह महत्त्वपूर्ण प्रमेय दिया—

"यदि कोई बहुभुज इस प्रकार चलता है कि उसकी प्रत्येक भुजा सदैव एक स्थिर बिन्दु में से होकर जाती है और यदि, एक को छोड़ कर, उसके समस्त शीर्ष क्रमशः त, थ, द, ........घातों के वक्र बनाते हैं, तो स्वतन्त्र शीर्ष २ त थ द......घात का एक वक्र बनायेगा। और यदि स्थिर बिन्दु एक ऋजु रेखा पर स्थित हों तो वक्र का घात त थ द.........होगा।"

यह प्रमेय पास्कल के संगत प्रमेय का सार्विक रूप है। १७२४ में मॅक्लॉरिन को एक निबन्ध पर फ्रांस की विज्ञान परिषद का पुरस्कार मिला। निबन्ध का विषय था 'कायों का आघात' (Percussion of Bodies). १७२५ में न्यूटन की संस्तुति पर यह ऐंडिन्बरा (Edinburgh) विश्वविद्यालय में प्राध्यापक नियुक्त हुआ।

१७४० में फ्रांस की विज्ञान परिषद ने मॅक्लॉरिन, ऑयलर और डॅनियॅल बर्नोली को मिला कर पुरस्कार दिया। मॅक्लॉरिन के निबन्ध का विषय था 'ज्वारभाटे।' १७४२ में इसकी प्रसिद्ध पुस्तक Treatise on Fluxions छपी। उक्त पुस्तक में मॅक्लॉरिन ने ही सबसे पहले भूयिष्ठ और अल्पिष्ठ बिन्दुओं (Maxima and Minima Points) का भेद निकालने की विधि दी और यह भी बताया कि वक्रों के बहुलक बिन्दु सिद्धान्त (Theory of Multiple points) में उसका क्या महत्त्व है।

१७४५ में जब विद्रोहियों ने ऐंडिन्बरा पर अधिकार जमा लिया तब मॅक्लॉरिन भाग कर इंग्लॅण्ड चला गया। १७४६ में इसकी मृत्यु हो गयी।

मॅक्लॉरिन के कुछ आविष्कार बहुत प्रसिद्ध हो गये हैं—

(i) टेलर श्रेणी का संशोधित रूप—

$$\text{फ}(\text{य}) = \text{फ}(\text{०}) + \text{य फ}'(\text{०}) + \frac{\text{य}^{2}}{\lfloor 2}\text{फ}''(\text{०}) + \frac{\text{य}^{3}}{\lfloor 3}\text{फ}'''(\text{०}) + \ldots$$

(ii) मॅक्लॉरिन का समाकल परीक्षण (Integral Test) जो आजकल कलन का प्रत्येक विद्यार्थी पढ़ता है।

(iii) मॅक्लॉरिन का त्रिभागज (Trisectrix of Maclaurin) जिस का समीकरण यह है—

$$(\text{क} - \text{य})\,\text{र}^{2} = \text{य}^{2}\,(\text{३ क} + \text{य}),$$

अर्थात् त ज्या २क्ष = २ क ज्या ३क्ष।

आयलर के जीवन की कुछ घटनाओं का उल्लेख हम बीजगणित के परिच्छेद में कर चुके हैं। यदि हम फलन सिद्धान्त के सम्बन्ध में भी ऑयलर का नाम न लें तो

यह उसके कार्य के प्रति अनादर होगा। ऑयलर के मस्तिष्क में इतने विचार चक्कर काटते रहते थे कि वह उन्हें कठिनाई से ही सँभाल पाता था। वह एक के बाद एक अभिपत्र लिखता ही रहता था और उसकी मेज़ पर गवेषणापत्रों का ढेर ऊँचा होता चला जाता था। लोग तो यहाँ तक कहते हैं कि उसके घर पर आधे घण्टे के अन्तर पर जो भोजन की दो घण्टियाँ बजा करती थी, कभी कभी उतने ही समय में वह एक अभिपत्र तैयार कर लिया करता था। जब कभी गणितीय पत्रिकाओं के सम्पादकों को छापने के लिए अभिपत्रों की आवश्यकता पड़ती थी, वह उसकी मेज़ के ढेर में से ऊपर के दो एक अभिपत्र उठा लिया करते थे। इसका परिणाम यह होता था कि पिछले पत्र पड़े रह जाते थे और अगले पत्र छप जाते थे जिनमें पिछले पत्रों की कृतियों का उल्लेख होता था! एक बार अनुमान लगाया गया था कि यदि ऑयलर के समस्त कार्य को प्रकाशित किया जाय तो बड़े आकार के सत्तर अस्सी ग्रन्थों से कम नहीं होंगे। १९०९ के द्रव्य में इसका व्यय ८०,००० डालर बैठता था। किन्तु इसके पश्चात् लॅनिन्ग्राड (Leningrad) में ऑयलर की हस्तलिपियों का एक और ढेर उपलब्ध हो गया। तब तो प्रकाशकों के उत्साह पर तुषार पात हो गया!

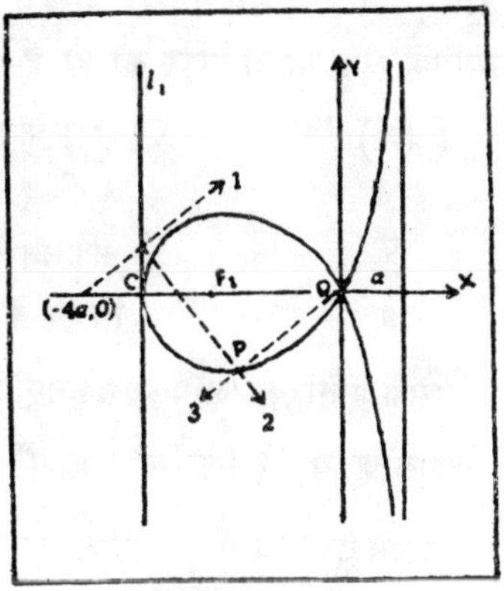


**मॅक्लॉरिन का त्रिभागज।**

(इन्साइक्लोपीडिया ब्रिटॅनिका से)

१७५५ में ऑयलर का अवकलन गणित पर एक ग्रन्थ निकला और १७६८-७० में समाकलन गणित पर। उक्त पुस्तकों में दोनों विषयों की उन समस्त बातों का सारांश दिया गया था जो उस समय तक ज्ञात थीं। इसके अतिरिक्त कई मौलिक अनुसन्धान भी थे, जैसे बीटा और गामा फलन। विचरण कलन पर भी ऑयलर का कार्य बहुत महत्त्वपूर्ण रहा है। उक्त विषय में इसने ज्यामितीय विधि का प्रयोग किया है जिससे बहुत से प्रश्नों के हल सरलता से निकल आते हैं।

संकेतलिपि के क्षेत्र में भी ऑयलर की देन बड़ी विलक्षण रही है। इसने त्रिभुज के कोणों का निरूपण बड़े अक्षरों द्वारा और भुजाओं का निरूपण छोटे अक्षरों द्वारा करना आरम्भ किया। यों तो इस युक्ति का प्रयोग इससे पहले भी एक बार रॉलिसन

(Rawlinson) ने किया था। किन्तु उस घटना को लगभग एक शताब्दी बीत चुकी थी। उसका प्रचलन तभी हुआ जब यूरोप में ऑयलर ने और इंग्लॅण्ड में सिम्सन (Simpson) ने उसे दुबारा आरम्भ किया। निम्नलिखित चिह्नों के प्रचलन का प्राथमिक श्रेय भी ऑयलर को ही है—

| | |
|---|---|
| $f(x)$ | $(x)$ य के फलन के लिए |
| $i$ | $\sqrt{-१}$ के लिए |
| $\sum$ | संकलन के लिए |
| s | त्रिभुज के अर्ध परिमाप के लिए। |

इसके अतिरिक्त **'ऑयलर संख्याएं'** आज जगत प्रसिद्ध हो गयी हैं। मान लीजिए कि

$$\text{व्युकोज् य} = १ + \text{क}_१ \text{य}^२ + \text{क}_२ \text{य}^४ + \text{क}_३ \text{य}^६ + \ldots\ldots\ldots$$

तो इस एकात्म्य में गुणांकों $\text{क}_१, \text{क}_२, \text{क}_३, \ldots\ldots$ को ऑयलर संख्याएँ कहते हैं।

ऑयलर के विषय में एक उपाख्यान उल्लेखनीय है। रूस की रानी अन्ना के कट्टरपन के कारण ऑयलर को सार्वजनिक कार्यों से हाथ खींचना पड़ा। १७४० में अन्ना का देहान्त हो गया। तब ऑयलर को जर्मनी के राजा फ्रैंडरिक महान् ने बुला लिया। जब ऑयलर बर्लिन पहुँचा तो प्रशा की रानी ने उसे अपना कृपापात्र बनाना चाहा। वह ऑयलर से बात करती थीं तो ऑयलर केवल 'हाँ, हूँ' में उत्तर दे देता था। रानी ने कहा कि "आश्चर्य है कि इतना बड़ा विद्वान् इतना चुप्पा और भैंतला है।" ऑयलर ने उत्तर दिया कि "महारानी जी, इसका कारण यह है कि जिस देश से मैं आया हूँ, वहाँ बोलने के कारण ही लोगों को फाँसी पर चढ़ा दिया जाता है।"

लगे हाथों दो शब्द टॉमस सिम्सन (Thomas Simpson) के विषय में भी कहते चलें। यह इंग्लॅण्ड का निवासी था और इसका जीवन-काल १७१०–६१ था। इसके पिता इसे जुलाहा बनाना चाहते थे किन्तु इसकी रुचि गणित में थी। इसी बात पर इसकी पिता से कहा सुनी होती थी जिसका परिणाम यह निकला कि यह घर छोड़ कर भाग गया। इसके हाथ अंकगणित और बीजगणित की एक पुस्तक लग गयी जिसे इसने स्वयं पढ़ना आरम्भ किया। यह एक स्वशिक्षित व्यक्ति था किन्तु इसमें असाधारण प्रतिभा थी। वर्षों यह लन्दन में ग़रीबी से लड़ता रहा। १७४३ में यह ऊल्विच (Woolwich) की सैनिक परिषद में गणित का प्राध्यापक नियुक्त हुआ। १७४५ में रॉयल सोसायटी ने इसे अपना अधिसदस्य निर्वाचित कर लिया।

सिम्सन ने कई पाठ्य पुस्तकें और बहुत से अभिपत्र प्रकाशित किये। इसके प्रिय विषय थे—बीजगणित, सम्भाव्यता, कलन, त्रिकोणमिति। यह बीजगणितीय

समीकरणों का हल अनन्त श्रेणियों द्वारा निकालता था। न्यूटन की प्रवाह विधि पर इसने दो पुस्तकें लिखी ह जो क्रमश:, १७३७ और १७५० में प्रकाशित हुईं। १७४८ में इसकी 'त्रिकोणमिति' छपी जिसमें इन दो सूत्रों की बहुत सुन्दर उपपत्तियाँ दी गयी थीं जो समतल त्रिभुजों पर लागू हैं—

$$(\text{क}+\text{ख}) : \text{ग} = \text{कोज्}\ \tfrac{1}{2}\ (\text{का}-\text{खा}) : \text{ज्या}\ \tfrac{1}{2}\ \text{गा},$$

$$(\text{क}-\text{ख}) : \text{ग} = \text{ज्या}\ \tfrac{1}{2}\ (\text{का}-\text{खा}) : \text{कोज्}\ \tfrac{1}{2}\ \text{गा}\ ।$$

## क्लॅरो परिवार

जीन बॅप्टिस्ट क्लॅरो (Jean Baptiste Clairant) पेरिस में गणित का अध्यायक था। इसके जीवन काल का ठीक-ठीक पता नहीं है किन्तु इतना निश्चित है कि इसकी मृत्यु १७६५ में हुई। इसने ज्यामिति पर तीन अभिपत्र लिखे थे।

जीन बॅप्टिस्ट क्लॅरो का एक पुत्र ऍलॅक्सिस क्लॉड क्लॅरो (Alexis Claude Clairant) था जो इस परिवार का एक प्रमुख सदस्य हुआ है। इसका जन्म पेरिस में १७१३ में और मृत्यु भी पेरिस में ही १७६५ में हुई। इसमें विलक्षण प्रतिभा थी। दस वर्ष की अवस्था में ही यह उच्च गणित की पुस्तकें पढ़ने लगा और बारह वर्ष की अवस्था में इसने फ्रांस की परिषद् में अपना एक अभिपत्र पढ़ा जिस में चार वक्रों के गुणों का वर्णन था जिनका इसने स्वयं आविष्कार किया था। १७२९ में, १६ वर्ष की अवस्था में, इसने **द्विक वक्रता वक्रों** (Curves of Double Curvature) पर एक एकबन्ध (Monograph) लिखा जिसके फलस्वरूप अट्ठारह वर्ष की अल्पावस्था में ही यह फ्रांस की परिषद् का सदस्य बना लिया गया। १७३६ में यह एक आयोग के साथ लॅप्लॅण्ड गया जो याम्योत्तर (Meridean) के एक अंश (Degree) को नापने के लिए भेजा गया था। १७४३ में इसने पृथ्वी की आकृति पर एक पुस्तक प्रकाशित की जिसमें गुरुत्वाकर्षण पर एक महत्त्वपूर्ण प्रमेय दिया गया था। उक्त प्रमेय अब '**क्लॅरो प्रमेय**' के नाम से प्रसिद्ध हो गया है। १७५० में इसने चन्द्रमा पर एक निबन्ध लिखा जिस पर पॅट्रोग्राड की परिषद् ने इसे एक पुरस्कार दिया। १७५९ में इसने **हेली धूमकेतु** (Halley Comet ) पर भी महत्त्वपूर्ण गवेषणा कार्य किया है।

क्लॅरो का कार्य शुद्ध और प्रयोजित —दोनों प्रकार के गणित में विलक्षण रहा है। शुद्ध गणित में इसके प्रिय विषय थे—ज्यामिति, बीजगणित, कलन, अवकल समीकरण। एक अवकल समीकरण तो इसी के नाम से प्रसिद्ध हो गया है —

$$\text{र} = \text{य}\frac{\text{तार}}{\text{ताय}} + \text{फ}\left(\frac{\text{तार}}{\text{ताय}}\right)\ ।$$

ऐँलैँक्सिस का एक भाई था जो केवल सोलह वर्ष (१७१६–३२) जीवित रहा। यह बालक बड़ा ही होनहार था। चौदह वर्ष की अवस्था में इसने ज्यामिति पर एक अभिपत्र लिखा और पन्द्रहवें वर्ष एक पुस्तक तैयार कर दी जो १७३१ में प्रकाशित हुई।

जीन ल रॉन्द डि लेम्बर्ट (Jean Le Rond D' Alembert) (१७१७–८३) एक फ्रांसीसी गणितज्ञ और दार्शनिक था। यह जीन ल रॉन्द के गिरजा के समीप असहाय अवस्था में पाया गया था। बाद को पता चला कि यह अपने माता पिता की अवैध सन्तान था। एक अन्य दम्पति ने इसका लालन-पालन किया। इसका पिता चुप चाप इसका व्यय दिया करता था।

कॉलिज छोड़ने पर यह अपनी धात्रेय माता के घर लौट आया और तीस वर्ष तक वहीं पर रहा। इसने क़ानून का अध्ययन किया था किन्तु इसने उक्त व्यवसाय को अपनाया नहीं। तब इसने औषधि-विज्ञान में रुचि दिखायी किन्तु एक वर्ष के अन्दर ही उसे भी छोड़कर गणित के अध्ययन में संलग्न हो गया। इसने फ्रांस की विज्ञान परिषद् में कई अभिपत्र भेजे जिसके फल स्वरूप १७४१ में यह उक्त संस्था का सदस्य हो गया। तत्पश्चात् इसने प्रयोजित गणित पर कई अभिपत्र लिखे। १७४२ में इसने गतिविज्ञानके उस सिद्धांन्त का प्रतिपादन किया जो आजकल **'डि लेम्बर्ट सिद्धान्त'** के नाम से प्रसिद्ध है। १७४७ में इसकी एक पुस्तक प्रकाशित हुई जिसका विषय था 'आंशिक अन्तर कलन (Calculus of Partial Differences)'. १७६३ में यह बर्लिन गया। इसे बर्लिन परिषद् का अध्यक्ष बनाने का प्रयत्न किया गया किन्तु इसने अस्वीकार कर दिया। तत्पश्चात् इसके कई अन्य ग्रन्थ प्रकाशित हुए जिनके विषय थे---कार्यों की गति, पृथ्वी की धुरी, दोलित डोरियाँ आदि। १७४६ और ४८ में बर्लिन परिषद् की पत्रिका में इसने समाकलन गणित पर कई अभिपत्र प्रकाशित किये जो बहुत महत्त्वपूर्ण थे। इसके कई लेख अवकल समीकरणों पर भी हैं।

डिडेरट के सहयोग में डिलेम्बर्ट ने एक विश्वकोष का सम्पादन किया। उक्त ग्रन्थ के पहले दो भागों के लिए तो इसने कई साहित्यिक लेख लिखे हैं, किन्तु शेष भागों में इसकी देन गणितीय ही रही है। इसके अतिरिक्त इसकी एक पुस्तक दर्शन पर (१७५९) और एक संगीत पर (१७७९) भी प्रकाशित हुई है।

डि लेम्बर्ट को जीवन भर मितव्ययी रहना पड़ा क्योंकि इसके साधन सदैव सीमित रहे। जीवन के तीसरे पहर में इसका परिचय कुमारी लैँस्पिनॅस (Lespinasse) से हो गया था। १७६५ में जब रह रोगग्रस्त हुआ तब उसने इसकी बड़ी सेवा की। वह तो इसको केवल एक घनिष्ठ मित्र ही समझती थी किन्तु ऐसा प्रतीत होता है कि

उसके प्रति डि लेम्बर्ट की भावनाएँ और भी गहरी थीं। वर्षों दोनों एक ही मकान में रहे। १७७६ में उसकी मृत्यु से डि लेम्बर्ट को गहरा धक्का लगा। यों तो यह अपना दैनिक कार्य करता रहा और इसने अध्ययन, लेखन भी नहीं छोड़ा किन्तु फिर पहले जैसी बात कभी आयी नहीं। १७८३ में इसका स्वर्गवास हो गया।

पियर साइमन लॅप्लास (Pierre Simon Laplace) (१७४९–१८२७) एक फ्रांसीसी गणितज्ञ और ज्यौतिषी था। इसके पिता एक छोटे से किसान थे, अतः इसकी शिक्षा पड़ोसियों की कृपा पर आधृत हुई। यह अपने जन्मस्थान बीमॉण्ट (Beau-

**लॅप्लास (१७९४–१८२७)**

[ स्क्रिप्टा मॅथॅमॅटिका की अनुज्ञा से 'पोर्ट्रेट्स ऑफ़ ऍमिनेण्ट मॅथॅमॅटीशियंश' से प्रत्युत्पादित। ]

mont) के सैनिक स्कूल में प्रविष्ट हुआ और तत्पश्चात् वहीं पर गणित का अध्यापक नियुक्त हो गया। १७६७ में यह कुछ संस्तुति पत्र लेकर डि लेम्बर्ट से मिला। उक्त पत्रों का तो कोई प्रभाव नहीं पड़ा किन्तु जब इसने यान्त्रिकी पर एक लेख लिखकर डि लेम्बर्ट को दिया तो उसको कहना पड़ा कि "तुम्हें किसी संस्तुति की आवश्यकता नहीं थी। मैं अवश्य तुम्हारी सहायता करूँगा।" अस्तु, डि लेम्बर्ट ने इसे पेरिस में नियुक्त करा दिया।

लॅप्लास को विश्लेषण पर बड़ा अधिकार था और इसने उसके सिद्धान्तों का खगोल यान्त्रिकी पर प्रयोग करना आरम्भ कर दिया। इसने उक्त विषय पर कई अभिपत्र लिखे और इसमें और लॅग्रांज में एक प्रकार से अभिपत्र लेखन की होड़ सी लग गयी। तत्पश्चात् इसने पाँच भागों में अपना प्रसिद्ध ग्रन्थ '**खगोल यान्त्रिकी**' (Mècanique Cèlèste) प्रकाशित किया। यह पुस्तक उक्त विषय में युग प्रवर्तक सिद्ध हुई है। १७९६ में इसकी एक अन्य पुस्तक छपी जिसके अन्त में ज्यौतिष का इतिहास दिया हुआ था जिसकी भूरि भूरि प्रशंसा हुई है। लॅप्लास की नीहारिका परिकल्पना (Nebular Hypothesis) भी इसी पुस्तक का एक अंग है।

लॅप्लास के प्रमुख विषय तो ज्यौतिष और खगोल यान्त्रिकी ही थे किन्तु इसने एक पुस्तक सम्भाव्यता पर भी लिखी है। इसके अतिरिक्त इसने भूमिति (Geodesy), अवकल समीकरणों और कलन को भी अछूता नहीं छोड़ा है। इसकी समस्त कृतियाँ फ्रांसीसी सरकार ने सात भागों में १८४३–४७ में प्रकाशित की। तत्पश्चात् उनका दूसरा संस्करण १९१२ में चौदह भागों में छपा।

लॅप्लास की शैली बड़ी ही परिसंहत (Terse) थी। एक बार अमेरिका के ज्यौतिषी नैथॅनियल बाउडिच (Nathaniel Bowditch) (१७७३–१८३८) ने इसकी शैली के विषय में कहा था कि "लॅप्लास की लेखनी में जब कहीं पर यह दृष्टि गोचर होता है कि 'अतएव, यह स्पष्ट है कि......'तो मैं समझ लेता हूँ कि रिक्ति (Gap) को भरने के लिए मुझे घण्टों माथा पच्ची करनी पड़ेगी।"

यह अवकल समीकरण लॅप्लास के नाम से प्रसिद्ध हो गया है—

$$\frac{\text{त}^२\text{व}}{\text{त य}^२}+\frac{\text{त}^२\text{व}}{\text{त र}^२}+\frac{\text{त}^२\text{व}}{\text{त ल}^२}=० \quad \left(\frac{\partial^2 u}{\partial x^2}+\frac{\partial^2 u}{\partial y^2}+\frac{\partial^2 u}{\partial z^2}=0\right)$$

इस समीकरण का गोलीय हरमिति (Spherical Harmonics) में बहुत प्रयोग होता है।

जीन बॅप्टिस्ट जोज़फ़ फ़ूरियर (Jean Baptiste Joseph Fourier (१७६८–१८३०) एक फ्रांसीसी गणितज्ञ था। यह आठ वर्ष की अल्पावस्था में ही

अनाथ हो गया था। इसने ऑक्सेर (Auxerre) के एक सैनिक स्कूल में शिक्षा पायी और फिर यह वहीं पर गणित का अध्यापक नियुक्त हो गया। कई वर्ष तक यह पेरिस की विभिन्न संस्थाओं में अध्यापक रहा और १७९८ में नॅपोलियन (Napoleon) के साथ मिस्र गया। वहीं नॅपोलियन ने इसे एक प्रान्त का राज्यपाल बना दिया। नॅपोलियन ने फ्रांस का प्रभाव क्षेत्र बढ़ाने के लिए कॅरो में एक संस्थान स्थापित किया। फ़ूरियर उसी संस्थान को अपने गणितीय अभिपत्र देने लगा। १८०१ में यह फ्रांस लौट आया। तत्पश्चात् इसे कई प्रकार की उपाधियाँ और सम्मान मिले। १८१६ में यह पेरिस में जम कर रहने लगा और १८२२ में विज्ञान परिषद् का सचिव हो गया।

फ़ूरियर का नाम दो बातों के लिए प्रसिद्ध है—

(i) इसका ग्रन्थ—ताप का वैश्लेषिक सिद्धान्त, जो १८२२ में प्रकाशित हुआ। इस पुस्तक में गणितीय भौतिकी का बड़ा व्यवस्थित इतिहास दिया गया है।

(ii) फ़ूरियर श्रेणी—फ़ूरियर ने १८०७ में विज्ञान परिषद् को एक अभिपत्र लिख कर दिया जिसमें यह कहा था कि 'प्रायः कोई भी स्वेच्छ फलन एक त्रिकोणमितीय श्रेणी के रूप में प्रसृत किया जा सकता है।' इस बात से लॅग्रांज इतना स्तम्भित हुआ कि उसने कहा कि फ़ूरियर का कथन असम्भव है। परिषद् ने फ़ूरियर को प्रोत्साहित करने के लिए घोषणा की कि परिषद् का १८१२ का पुरस्कार 'ताप संवहन' (Conduction of Heat) पर ही दिया जायगा जो फ़ूरियर के उक्त अभिपत्र का विषय था। फ़ूरियर ने अपना लेख १८११ में परिषद् के पास भेज दिया। लॅप्लास, लॅग्रांज और लेजाण्ड्र पंच नियुक्त हुए। इन्होंने पुरस्कार तो फ़ूरियर को दे दिया किन्तु उसके विश्लेषण और विधि की कड़ी आलोचना की। अभिपत्र परिषद् की पत्रिका में नहीं छप सका। जब फ़ूरियर स्वयं उक्त परिषद् का सचिव हुआ तब उसने अपना उक्त लेख परिषद् की पत्रिका में प्रकाशित किया।

फ़ूरियर सिद्धान्त के अनुसार, यदि फ (य) कोई फलन है जो बहुत ही व्यापक शर्तों को पूरा करता है तो हम उसे इस रूप में निरूपित कर सकते हैं—

$$\begin{aligned} \text{फ (य)} &= \text{क}_0 + \text{क}_1 \text{ कोज् य} + \text{क}_2 \text{ कोज् २ य} + \ldots\ldots \\ &\quad + \text{ख}_1 \text{ ज्या य} + \text{ख}_2 \text{ ज्या २ य} + \ldots\ldots \end{aligned}$$

इस श्रेणी को फ (य) की **फ़ूरियर श्रेणी** कहते हैं।

इसमें सन्देह नहीं कि फ़ूरियर एक प्रतिभाशाली व्यक्ति था। बारह वर्ष की अवस्था में यह पेरिस के गिरजा के अधिकारियों को उपदेश लिख कर दिया करता

था और ये लोग अपने नाम से उन्हीं उपदेशों के आधार पर प्रवचन किया करते थे। तेरह वर्ष की अवस्था में यह एक समस्या बना हुआ था—चंचल और आवारा। किन्तु गणित से पहला सम्पर्क होते ही इसका कायापलट हो गया। इसे अपना स्वधर्म मिल गया। और फिर तो यह गणित के क्षेत्र में दिन पर दिन उन्नति ही करता गया।

बहुत दिनों बाद आज गाउस की याद आयी है। इसके जीवन की एक झलक हम ज्यामिति के अध्याय में दिखा चुके हैं। इसके पिताजी में कोई प्रतिभा नहीं थी। वह तो यही चाहते थे कि उनका पुत्र भी मज़दूर अथवा माली बन जाये और यदि उनकी चली होती तो गाउस इससे अधिक कुछ न हो पाता किन्तु इसकी माता सदैव इसका पक्ष लिया करती थी। इसीलिए गाउस को अपने पिता के प्रति कोई ममता नहीं थी। गाउस की माता को पुत्र से बड़ी बड़ी आशाएँ थीं। एक दिन उसने गाउस के मित्र बोलिये से पूछा कि उसके विचार में गाउस बड़ा होकर क्या होगा। बोलिये ने उत्तर दिया "यूरोप का सबसे बड़ा गणितज्ञ !" और उसका पूर्वानुमान ठीक ही निकला।

गाउस के बचपन की कुछ घटनाएँ उल्लेखनीय हैं। इसके मकान के पास से एक नहर बहती थी। एक बार नहर में बहुत पानी भरा हुआ था। गाउस उसमें खेलते खेलते डूबने लगा। एक मज़दूर उधर से जा रहा था जिसने इसकी जान बचायी।

गाउस कठिनाई से तीन वर्ष का रहा होगा कि एक दिन इसके पिता मज़दूरों का साप्ताहिक हिसाब कर रहे थे। बच्चा ध्यान से सुन रहा था कि एकदम बोल उठा, "हिसाब में ग़लती है। द्रव्य इतना नहीं, इतना होना चाहिए।" पिता ने दुबारा हिसाब लगाया तो बच्चे का कथन ठीक निकला। तीन वर्ष के बच्चे में इतनी प्रतिभा का उदाहरण बिरले ही मिलेगा।

सात वर्ष की अवस्था में गाउस एक स्कूल में प्रविष्ट हुआ। स्कूल का प्रधानाध्यापक बटनर (Büttner) बड़ा क्रूर था। वह बड़ी क्रूरता से अपने डण्डे का प्रयोग किया करता था। गाउस का दसवाँ वर्ष था कि एक दिन बटनर ने सारी कक्षा को जोड़ का एक प्रश्न दिया। प्रश्न यह था—

योग निकालो,

८१२९७+८१४९५+८१६९३+......१०० पदों तक।

उन दिनों तक किसी बच्चे ने समान्तर श्रेढ़ी का नाम भी नहीं सुना था। बटनर स्वयं तो ऐसे प्रश्नों का उत्तर सूत्र द्वारा निकाल लिया करता था। लड़कों से वह यही आशा करता था कि वह पूरे १०० पद अलग अलग लिखेंगे और तब जोड़ेंगे। उन

दिनों स्कूलों में यह प्रथा थी कि जो लड़का सबसे पहले प्रश्न हल कर लिया करता था वह तुरन्त अपनी स्लेट अध्यापक की मेज़ पर रख दिया करता था। तत्पश्चात् जो लड़के प्रश्न को निकालते जाते थे, बारी बारी से उस स्लेट पर अपनी स्लेटें रखते जाते थे। बटनर ने कठिनाई से प्रश्न बोल पाया था कि गाउस ने तुरन्त उसका उत्तर लिखकर स्लेट मेज़ पर पटक दी। कोई भी अन्य विद्यार्थी पूरे घण्टे में भी उक्त प्रश्न को हल न कर पाया। गाउस का उत्तर ठीक निकला। उस दिन से बटनर गाउस पर दयालु हो गया। उसने अपनी जेब से अंकगणित की एक पुस्तक गाउस को खरीद कर दी। गाउस के विषय में वह कहा करता था, "इस लड़के को मैं और कुछ नहीं पढ़ा सकता।"

गाउस ने जिस वस्तु पर हाथ रख दिया वह सोना हो गयी। इसकी प्रमुख रुचि तो अंकगणित में थी किन्तु चुम्बकत्व, ज्यौतिष, भूमिति---सभी क्षेत्रों में इसका कार्य यग प्रवर्तक रहा है। इसकी सबसे प्रसिद्ध पुस्तक **डिस्क्वीज़ीशनिस** (Disquisitiones) है जिसके सात विभाग हैं।

उक्त पुस्तक के पहले तीन विभागों में **संशेषता सिद्धान्त** (Theory of Congruences) का प्रतिपादन किया गया है। विशेषकर इस संशेषता का विस्तारपूर्वक विवेचन किया गया है---

$$\text{य}^{\text{स}} \equiv \text{का (मापांक प)},$$

जिसमें स, का **स्वेच्छ पूर्णाङ्क** हैं और प कोई **रूढ़ संख्या** (prime number)।

चौथे विभाग का विषय है **वर्गात्मक अवशेष सिद्धान्त** (Theory of Quadratic Residues). वर्गात्मक व्युत्क्रमता की पहली उपपत्ति इसी विभाग में दी गयी है।

पाँचवें विभाग में **द्विवर्णक वर्गात्मक रूप** (Binary Quadratic Forms) दिये गये हैं। इसी विभाग में आगे त्रिवर्णक रूपों का भी विवेचन है।

छठे और सातवें विभागों में बीजगणितीय समीकरणों पर उपरिलिखित सिद्धान्तों का प्रयोग किया गया है। अन्तिम विभाग के विषय में गणितज्ञ कहते हैं कि उसमें गाउस ने अपनी प्रतिभा की पराकाष्ठा दिखायी है।

डिस्क्वीज़ीशनिस १८०१ में छपी थी और उसने गणितीय जगत् में तहलका मचा दिया था। १८११ में गाउस ने बेसिल (१७८४–१८४६) को अपना **वैश्लेषिक फलन सिद्धान्त** (Theory of Analytic Functions) बताया। यदि गाउस ने उक्त सिद्धान्त को भी सार्वजनिक रूप में प्रकाशित कर दिया होता तो उसने

गणितीय संसार में एक दूसरा विप्लव मचा दिया होता। किन्तु उक्त सूचना बेंसिल तक ही सीमित रह गयी।

**सम्मिश्र राशियों** (Complex Numbers) का उल्लेख हम पहले कर चुके हैं। गाउस ने सिद्ध कर दिया कि प्रत्येक बीजगणितीय समीकरण के मूल इस प्रकार के होते हैं—

$$\text{क} + \text{ए ख} \qquad (\text{ए} = \sqrt{-१})$$

गाउस ने **एकरूप फलनों** (Uniform Functions) की परिभाषा तो दी ही। साथ ही यह भी बता दिया कि समस्त एकरूप फलन वैश्लेषिक नहीं होते। वैश्लेषिकता के लिए उनका अवकलनीय भी होना आवश्यक है। अवकलनीयता की गाउस ने सन्तोषजनक परिभाषा दी है।

मान लीजिए कि समतल में कोई बिन्दु (य, र) है। तो **आर्गण्ड चित्र** (Argand Diagram) में हम याक्ष को वास्तविक अक्ष और राक्ष को काल्पनिक अक्ष कहेंगे। इस प्रकार वास्तविक क्षेत्र का बिन्दु (य, र) सम्मिश्र क्षेत्र में बिन्दु (य+ए र) बन जाता है। इसी राशि (य+ए र) को हम ल से निरूपित करते हैं।

अब मान लीजिए कि ल′ एक अन्य बिन्दु है जो ल के समीप है, और फ (ल) कोई एकरूप फलन है। तो हम ल′ पर इस फलन का मान निकाल कर भजनफल

$$\frac{\text{फ}(\text{ल}') - \text{फ}(\text{ल})}{\text{ल}' - \text{ल}}$$

बनाते हैं।

अब मान लीजिए कि बिन्दु ल′ बिन्दु ल की ओर चलता है और अन्त में उससे अभिन्न हो जाता है। स्पष्ट है कि बिन्दु ल तक पहुँचने में वह अनन्त पथों में से किसी एक का अवलम्बन कर सकता है। वह एक ऋजु रेखा, एक वृत्त, परवलय अथवा किसी अन्य वक्र द्वारा जा सकता है। अब प्रश्न यह है कि जब ल′ → ल तब क्या उपरिलिखित भजनफल की कोई निश्चित, सान्त सीमा होगी ? और यदि होगी तो क्या वह सीमा समस्त मार्गों के लिए अद्वितीय रहेगी ? यदि ऐसा हो तो फलन फ (ल) को हम अवकलनीय कहेंगे।

अन्त में, जो फलन एकरूप भी हो और अवकलनीय भी, उसे वैश्लेषिक कहते हैं।

**सम्मिश्र अवकलन** की ही भाँति **सम्मिश्र समाकलन** (Complex Integration) की नींव को भी गाउस ने पुष्ट कर दिया। हम यहाँ स्थूल रूप से गाउस के सम्मिश्र समाकलन की परिभाषा देते हैं।

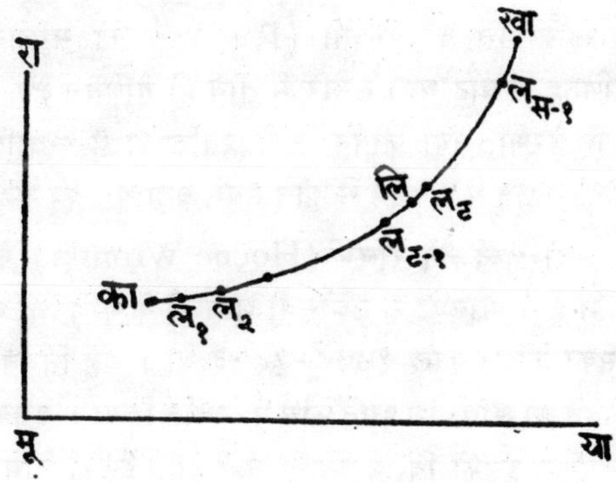


**गाउस के संकर अवकल का वक्र।**

मान लीजिए कि फ(ल) चर ल ( Variable $z$ ) का एक फलन है, और का खा एक सतत वक्र। वक्र को स भागों में बाँट दीजिए। मान लीजिए कि विभाजन बिन्दु

$ल_०$(=का), $ल_१$, $ल_२$, ......$ल_{ट-१}$, $ल_ट$, ...$ल_{स-१}$, $ल_स$ (=खा) हैं।

इनमें से वक्र के प्रत्येक टुकड़े $ल_{ट-१}$ $ल_ट$ पर कोई विन्दु लि लेकर फ (लि) का मान निकाल लीजिए।

अब इस मान को संगत अन्तर ($ल_ट—ल_{ट-१}$) से गुणा करके यह योग प्राप्त कर लीजिए—

$$\sum_{ट=१}^{ट=स} फ\,(लि)\,(ल_ट - ल_{ट-१}).$$

अब मान लीजिए कि वक्र के टुकड़ों की संख्या अनन्त हो जाती है, और उनमें से प्रत्येक की लम्बाई शून्य की ओर प्रवृत्त होती है। तब हम सीमा

$$\underset{स\to\infty}{सी} \sum_{ट=१}^{ट=स} फ\,(लि)\,(ल_ट - ल_{ट-१})$$

निकालते हैं। यदि यह सीमा निश्चित, सान्त और अद्वितीय (Definite, Finite and Unique) हो तो उसके मान को फ (ल) का **रेखा समाकल** (Line Integral) कहते हैं, और उसे इस प्रकार निरूपित करते हैं—

$$\int_{का\,खा} फ\,(ल)\;ता\,ल\;।$$

इसमें सन्देह नहीं कि गाउस की कृतियों से गणित का एक नया अध्याय आरम्भ होता है। लोग सुतथ्यता (precision) की महत्ता, परिभाषा की आवश्यकता और उपपत्ति की परुषता (Rigour) को समझने लगे। गाउस गणितज्ञ नहीं, गणितज्ञ सम्राट् था। संसार में तीन ही गणितज्ञ हुए हैं जिन्होंने गणित के विषय को नयी प्रेरणा, नया जीवन, नयी प्रवृत्ति दी है—आर्किमीडीज़, न्यूटन और गाउस। तीनों महान् थे। इनमें से कौन सबसे बड़ा था, यह कहना हमारे बूते की बात नहीं है।

दो शब्द हैंने रॉन्स्की (Hoëne Wronski) के विषय में भी कह दें तो क्या हानि है ? पोलॅण्ड के उन्नीसवीं शताब्दी के गणितज्ञों में इसी का नाम उल्लेखनीय है। इसका जीवन काल १७७८–१८५३ था। यह निर्धन था किन्तु धुन का पक्का था। जीवन का अधिकांश इसने फ्रांस में व्यतीत किया। इसकी लेखन शैली आकर्षक नहीं थी, इसीलिए इसकी विशेष ख्याति नहीं हुई। इसका नाम दो बातों के लिए प्रसिद्ध है—

(i) गणितीय दर्शन पर इसके लेख।

(ii) सारणिकों पर इसका कार्य। इसने चार प्रकार के सारणिकों का विशेष रूप से अध्ययन किया था। उनमें से एक का नाम १८८१ में टॉमस म्योर (Thomas Muir) ने **रॉन्स्कियन** (Wronskian) रख दिया, और वही नाम प्रचलित हो गया। हम यहाँ तृतीय वर्ण के रॉन्स्कियन की परिभाषा देते हैं।

मान लीजिए कि $फ_१$, $फ_२$, $फ_३$ चर य के तीन फलन हैं। तो सारणिक

$$\begin{vmatrix} फ_१ & फ_२ & फ_३ \\ फ_१' & फ_२' & फ_३' \\ फ_१'' & फ_२'' & फ_३'' \end{vmatrix}$$

को इन फलनों का रॉन्स्कियन कहते हैं और इसे इस प्रकार लिखते हैं—

$$रॉ\ (फ_१, फ_२, फ_३)$$

ऑगस्ट लियोपोल्ड क्रेले (August Leopold Crelle) (१७८०–१८५५) एक जर्मन गणितज्ञ था। इसकी रुचि बहुमुखी थी और इसमें बड़ी संघटन शक्ति थी। व्यवसाय से यह इंजीनियर था। इसमें कोई विशेष गणितीय प्रतिभा नहीं थी किन्तु इसने गणित के प्रवर्तन के लिए बहुत परिश्रम किया। १८२८ में इसने उस प्राविधिक संस्थान (Technical Institute) की सेवा छोड़ दी जिसमें यह काम करता था और सार्वजनिक शिक्षा मन्त्रालय में नौकरी कर ली। इसके जीवन का प्रमुख कार्य

यह रहा है कि इसने एक गणितीय पत्रिका की स्थापना की जो आजतक **'क्रेले जर्नल'** (Crelle Journal) के नाम से प्रसिद्ध है। इस योजना में ऑबॅल, स्टेनर और जॅकोबी ने इसे सहयोग दिया। बर्लिन-पॉत्सदॅम (Berlin-Potsdam) की योजना भी इसी ने बनायी थी।

बर्नार्ड बॉल्ज़ानो (Bernard Bolzano) भी इस योग्य अवश्य था कि उस पर दो वाक्य लिखे जायँ। इसका जीवन काल १७८१–१८४८ था। यह एक पादरी था और १५ वर्ष प्राग (Prague) में धर्म दर्शन का प्राध्यापक रहा। १८१६ में इसने **द्विपद सूत्र** (Binomial Formula) की उपपत्ति दी और **श्रेणी अभिसरण** (Convergence of Series) का विवेचन किया। इसने सीमा और सातत्य के भावों का भी स्पष्टीकरण किया। यों तो इसने कई पुस्तकें लिखीं किन्तु इसका तर्कशास्त्र सम्बन्धी ग्रन्थ बहुत प्रसिद्ध हो गया है।

यदि पाठक उकतायें नहीं तो दो शब्द सिमियन डॅनिस पॉयसौं (Simeòn Denis Poisson) (१७८१–१८४०) के विषय में भी कहते चलें। यह एक सिपाही का पुत्र था। इसने पहले औषधि विज्ञान का और फिर गणित का अध्ययन किया। १७९८ में यह पेरिस के एक कॉलिज में भर्ती हुआ और लॅग्रांज और लॅप्लास के सम्पर्क में आया। यह संसर्ग इसके जीवन भर चला। अट्ठारह वर्ष की अवस्था में इसने दो अभिपत्र लिखे, एक विलोपन विधि पर, दूसरा सान्त अन्तर के एक समीकरण पर। दूसरा लेख लेजाण्ड्र को बहुत पसन्द आया। १८०६ में यह प्राध्यापक बना दिया गया।

पॉयसौं ने कुल मिलाकर ३०० से अधिक लेख और अभिपत्र लिखे। इसने गणितीय भौतिकी पर कई पुस्तकें भी लिखनी आरम्भ की किन्तु उन्हें पूरा न कर पाया। इसका गवेषणा कार्य मुख्यतः प्रयोजित गणित पर है। शुद्ध गणित में इसके लेख इन विषयों पर हैं—निश्चित समाकल, फ़ूरियर श्रेणी, सम्भाव्यता, विचरण कलन, अवकल समीकरण।

ऑगस्टिन लुई कॉशी (Augustin Louis Cauchy) (१७८९–१८५७) फ्रांस का एक महान् गणितज्ञ हुआ है। यह ६ भाई बहिनों में सबसे बड़ा था। इसने पेरिस में शिक्षा पायी और कुछ दिनों इंजीनियरी का व्यवसाय किया। १८१३ में इसके स्वास्थ्य ने जवाब दे दिया और इसके पिताजी के मित्रों लॅग्रांज और लॅप्लास ने इसे परामर्श दिया कि अब यह अपना जीवन गणित की सेवा में लगा दे। कॉशी का बचपन क्रान्ति के दिनों में बीता। इसके पिता अपने परिवार को अपने पुरातन गाँव आर्कुइल (Arcueil) में ले आये। उसके पास साधनों की कमी थी। उसने आधे

पेट खाकर बच्चों का लालन पालन किया। कॉंशी को बचपन में पेट भर भोजन का भी टोटा रहा, इसीलिए जीवन भर उसका स्वास्थ्य असन्तोषजनक रहा।

कॉंशी (१७८९–१८५७)

कॉंशी के पिता पद्य लिखा करते थे। अतः उन्होंने कई पाठ्य पुस्तकें प्रकाशित कीं और किसी प्रकार बच्चों को शिक्षा दिलायी। इस प्रकार कॉंशी को भी लॅटिन और फ्रॅंच पद्य पर अधिकार हो गया। आर्कुइल से संलग्न दो सम्पत्तियाँ थीं—एक लॅप्लास की और एक रसायनज्ञ बर्थोलैंत (Berthollet) (१७४८–१८२२) की। और इस प्रकार कॉंशी का लॅप्लास से परिचय हुआ। लॅप्लास ने शीघ्र ही जान लिया कि कॉंशी में असाधारण गणितीय प्रतिभा है। जब उसे पता चला कि कॉंशी ने श्रेणियों के अभिसरण परीक्षण (Tests for Convergence) निकाले हैं तो वह थर्रा गया। उसने खगोल यान्त्रिकी पर जो कार्य किया था उसमें कई स्थानों पर श्रेणियों के योग का परिकलन करना पड़ता था। और यदि उक्त श्रेणियाँ अपसृत (Divergent) हो गयीं तो उसका बना बनाया मन्दिर ढह जायगा। किन्तु जब उसने अपनी श्रेणियों

पर कॉशी के परीक्षण लगाये तो उन्हें अभिसारी (Convergent) पाया। तब उसने सन्तोष की साँस ली।

१८०० में बड़े कॉशी पेरिस की परिषद् के सचिव नियुक्त हुए। उनके कायालय के ही एक कोने में तरुण कॉशी एक मेज़ कुर्सी लेकर बैठा रहता था। लॅग्रांज उक्त कार्यालय में बहुधा आया करता था। इस प्रकार उसे कॉशी की गतिविधि का परिचय मिला। वह कॉशी से बहुत प्रभावित हुआ। एक दिन जब वहाँ नगर के प्रमुख नागरिक बैठे हुए थे, उसने कहा कि "कोने में बैठे हुए उस लड़के को देखते हो। एक दिन वह गणित की दौड़ में हम सबको पीछ छोड़ देगा।"

तेरह वर्ष की अवस्था में कॉशी ने स्कूल में नाम लिखाया। यह स्कूल भर में सबसे तेज़ लड़का समझा जाता था। ग्रीक, लॅटिन आदि प्रायः सभी विषयों में प्रथम पारितोषिक इसी को मिला करता था। १८०५ में यह स्कूल से निकला और १८१० में इंजीनियर हो गया। कॉशी के अस्बाब में चार पुस्तकें रहा करती थीं। लॅप्लास की 'खगोल यान्त्रिकी', लॅग्रांज का 'वैश्लेषिक फलन सिद्धान्त', एक पद्य की पुस्तक और एक धार्मिक ग्रन्थ। स्पष्ट है कि इनमें से एक भी पुस्तक उसके व्यवसाय से सम्बद्ध नहीं थी। किन्तु कॉशी की अभिरुचि तो गणित में ही थी। अतः उसे इंजीनियरी का व्यवसाय छोड़ना ही पड़ा। तरुण अवस्था में ही उसने लॅग्रांज की पुस्तक में कई ग़लतियाँ निकाल डाली थीं।

१८१६ से १८३० तक कॉशी पेरिस के क्रमशः तीन स्थानों पर प्राध्यापक नियुक्त रहा। अन्त में अपनी धार्मिक स्वतन्त्रता के कारण इसे अपना पद छोड़ना पड़ा। इसके लिए ट्यूरिन (Turin) विश्वविद्यालय में गणितीय भौतिकी की एक नयी गद्दी का सर्जन किया गया। १८३८ में यह फ्रांस लौट आया और फिर पेरिस में प्राध्यापक नियुक्त हो गया।

१८०५ में कॉशी ने ऐंपोलोनियस के इस प्रश्न का हल निकाला—यदि तीन वृत्त दिये हों तो एक चौथा वृत्त किस प्रकार खींचा जाय जो उक्त तीनों वृत्तों को स्पर्श करे।

पॉइन्सो (Poinsot) (१७७७–१८५९) ने एक प्रश्न यह उठाया था—

"चार, छः, आठ, बारह, बीस फलकों (Faces) के सम बहुफलक (Regular Polyhedra) तो ज्ञात हैं। क्या और कोई सम बहुफलक बनाना सम्भव है जिनके फलकों की संख्या इन संख्याओं से भिन्न हो?"

कॉशी ने १८११ में एक अभिपत्र द्वारा उक्त प्रश्न का नकारात्मक उत्तर दिया।

बहुफलकों पर ऑयलर का यह प्रमेय प्रसिद्ध है:—

"यदि किसी बहुफलक की कोरों, फलकों और शीर्षों की संख्या क्रमशः को, फ और शी हों तो

$$\text{को}+२=\text{फ}+\text{शी}\text{ ।}"$$

पेरिस की विज्ञान परिषद् ने एक बार घोषणा की कि 'जो कोई ऑयलर के उक्त प्रमेय की किसी महत्त्वपूर्ण दिशा में पूर्ति करेगा, उसे पारितोषिक दिया जायगा।' लॅग्रांज ने कॉशी को प्रोत्साहित किया। कॉशी ने १८११ में एक दूसरा अभिपत्र लिखा जिसमें उपरिलिखित प्रमेय का सार्वीकरण कर दिया।

१८४५ के आस पास कॉशी ने कई अभिपत्र लिखे जिनमें **प्रतिस्थापन सिद्धान्त** (Theory of Substitutions) का व्यवस्थित रूप से प्रतिपादन किया गया था। उक्त विषय आज **'सान्त संघ सिद्धान्त'** (Theory of Finite Groups) के रूप में विकसित हो गया है।

गणित को कॉशी की महत्तम देन कलन के क्षेत्र में हुई है। इस विषय पर कॉशी ने तीन ग्रन्थ लिखें—

(i) Cours d' analyse de l' Ecole Polytechnique (1821)

(ii) Le Calcul infinitesimal (1823)

(iii) Lecons sur les applications du Calcul infinitesimal à la gèométric (1826-28).

कॉशी का सम्मिश्र समाकलन पर निम्नलिखित प्रमेय प्रसिद्ध हो गया है और शुद्ध गणित के प्रत्येक विद्यार्थी को इसे पढ़ना ही पड़ता है।

"यदि व कोई बन्द वक्र है, और फ (ल) एक फलन है जो इस वक्र के अन्दर और ऊपर एकमानीय (One-valued) और वैश्लेषिक है तो

$$\int_{\text{व}} \text{फ (ल) ता ल}=0."$$

इसे **'कॉशी प्रमेय'** (Cauchy Theorem) कहते हैं। यह अनेक रूपों में व्यक्त किया जा सकता है। हमने एक बहुत सरल रूप दिया है।

कॉशी ने सीमा और सातत्य के भावों को माँजा और सँवारा और उनकी सहायता से कलन के रूप को निखारा। इसके अतिरिक्त कॉशी ने टेलर प्रमेय की पहली परुष उपपत्ति दी। कॉशी ने उक्त प्रमेय में स पदों के पश्चात् का शेष इस रूप में दिया है—

$$\text{शे}_{\text{स}}\,(\text{य}) = \frac{(\text{य}-\text{क})^{\text{स}}\,(१-\text{क्ष})^{\text{स}-१}}{(\text{स}-१)\,!}\,\text{फ}^{(\text{स})}\left\{\text{क}+\text{क्ष}(\text{य}-\text{क})\right\},$$

जिसमें क्ष एक ऐसी राशि है कि $० < \text{क्ष} < १$.

शेष के इस रूप को **कॉशी रूप** कहते हैं।

इसके अतिरिक्त चाक्षुषी और **प्रत्यास्थता** (Elasticity) में भी कॉशी का गवेषणा कार्य युग प्रवर्तक रहा है। कॉशी की समस्त कृतियाँ २७ भागों में छपी हैं।

यहाँ दो शब्द ज्यॉर्ज पीकॉक (George Peacock) (१७९१–१८५८) के विषय में भी कह लें तो हमारी कोई हानि नहीं। इसने केम्ब्रिज के ट्रिनिटी कॉलिज में शिक्षा पायी और फिर वहीं पर प्राध्यापक हो गया। १८३९ में यह एक गिरजा का उच्चाधिकारी नियुक्त हुआ और बीस वर्ष तक उसी पद पर रहा। बीजगणित में इसकी विशेष रुचि थी। इसने '**तुल्य रूपों के चिरस्थायित्व के सिद्धान्त**' (Principle of Permanence of Equivalent Forms) का प्रतिपादन किया। यह कदाचित् पहला व्यक्ति था जिसने बीजगणित के मूलभूत सिद्धान्तों का अध्ययन किया। इसके अतिरिक्त इसने 'विश्लेषण की अर्वाचीन प्रगति' पर एक प्रतिवेदन प्रकाशित किया जो महत्त्वपूर्ण रहा है। कलन को इसकी देन यह रही कि इसने **अवकल संकेतलिपि** (Differential Notation) के प्रचलन में योग दिया। "अवकल गुणांक, निश्चित और अनिश्चित समाकल"—इन पदों का प्रयोग सर्वप्रथम लॅक्रॉय (Lacroix) (१७६५–१८४३) ने अपने 'अवकलन, समाकलन गणित' में किया था। इसके कलन सम्बन्धी एक छोटे ग्रन्थ का पीकॉक ने अंग्रेजी में अनुवाद किया था।

ऑबॅल को तो हम ऐसा भूल गये जैसे कोई महाजन से ऋण लेकर भूल जाता है। बीजगणित के अध्याय में हम इसके जीवन की कुछ घटनाओं का उल्लेख कर चुके हैं। हमने वहाँ कहा है कि आबॅल ने अपने एक अभिपत्र में यह सिद्ध कर दिया कि सार्विक पंचघात समीकरण का कोई बीजगणितीय हल हो ही नहीं सकता। ऑबॅल ने गाउस का नाम सुन रखा था। उसने गाउस को अपना अभिपत्र भेजा। जब गाउस ने उसका शीर्षक पढ़ा तो यह कहकर रद्दी की टोकरी में फेंक दिया कि "और थोड़ा सा कूड़ा करकट आ गया।" उसी दिन से आबॅल को गाउस से घृणा हो गयी।

क्रेले उन्हीं दिनों अपनी पत्रिका आरम्भ करने वाला था। ऑबॅल उससे मिलने गया। क्रेले एक व्यापारिक स्कूल का परीक्षक था। वह समझा कि ऑबॅल भी कोई परीक्षार्थी है। जब ऑबॅल ने बताया कि वह उससे गणित के विषय में मिलने आया है तो क्रेले ने उससे पूछा कि उसने गणित में किस किस ग्रन्थ का अध्ययन किया है। ऑबॅल ने क्रेले के एक अभिपत्र का उल्लेख किया जो उन्हीं दिनों प्रकाशित हुआ था,

और यह भी कह दिया कि उसमें कई ग़लतियाँ थीं। क्रेले ने तनिक भी क्रोध नहीं दिखाया बल्कि उससे उक्त त्रुटियों का व्यौरा पूछने लगा। क्रेले स्वयं कोई उच्च गणितज्ञ तो था नहीं। वह ऑबॅल की बात पूरी तरह समझा तो नहीं किन्तु उसे यह विश्वास हो गया कि उसे गुदड़ी में लाल मिल गया है। उसने तुरन्त निश्चय किया कि वह ऑबॅल के लेख अपनी पत्रिका में प्रकाशित करेगा। अतः उक्त पत्रिका के पहले तीन अंकों में ऑबॅल के २२ लेख छपे।

क्रेले ने ऑबॅल की बड़ी सहायता की। वह जहाँ भी जाता था, ऑबॅल को साथ ले जाता था। इस प्रकार क्रेले द्वारा उसका परिचय बड़े बड़े गणितज्ञों से हो गया। पेरिस में उसकी लेजाण्ड्र और कॉशी से भेंट हुई। इन दोनों ने उसकी पीठ ठोंकी किन्तु कभी उसकी महत्ता को नहीं समझा। जब कभी ऑबेल अपनी किसी कृति का उल्लेख उनके सम्मुख किया करता, दोनों अपनी ही डींग हाँकने लगते थे।

विश्लेषण को भी ऑबॅल की देन महान् रही है। दीर्घवृत्तीय फलनों पर ऑबॅल ने कुछ वर्षों में इतना काम कर दिया जितना लेजाण्ड्र जीवन भर में न कर पाया। इसके अतिरिक्त कई विषय तो ऑबॅल के नाम से ही प्रसिद्ध हो गये हैं। हम यहाँ उनके नाममात्र देते हैं। उनका विवरण देने का यहाँ स्थान नहीं है—

(i) ऑबॅल प्रमेय (Abel Theorem)
(ii) ऑबॅली समाकल (Abelian Integrals)
(iii) ऑबॅली संघ (Abelian Groups)
(iv) ऑबॅली फलन (Abelian Functions)

ऑबॅल को गणितीय परुषता का कितना भान था, इसका पता उस पत्र से चलता है जो १८२६ में उसने अपने मित्र हॉम्बो (Holmboe) को लिखा —

"यदि कोई यह कहे कि

$$०=१^{स}-२^{स}+३^{स}-४^{स}+\ldots\ldots,$$

जिसमें स कोई धन पूर्णांक है, तो तुम इससे अधिक मूर्खतापूर्ण बात की कल्पना कर सकते हो?

"किन्तु, गणित में कदाचित् ही कोई अनन्त श्रणी ऐसी होगी जिसका योग किसी परुष रीति से निकाला गया हो।"

कार्ल गस्टब जेकब जॅकोबी (Carl Gustov Jacob Jacobi) (१८०४–५१) का जन्म पॉत्स्दॅम (Potsdam), जर्मनी, में हुआ था। इसके पिता एक धनी महाजन थे। इसकी प्रारम्भिक शिक्षा इसके मामा की देखरेख में हुई थी। १८२१ में यह

र्बलिन विश्वविद्यालय में प्रविष्ट हुआ। जॅकोबी को गणित के अतिरिक्त भाषा-विज्ञान में भी रुचि थी और यदि इसने उक्त विषय में अपना समय लगाया होता तो भी कदाचत् इतना ही नाम पैदा किया होता।

जॅकोबी (१८०४—५१)

जॅकोबी को पता नहीं था कि ऑबॅल सार्विक पंचघात समीकरण का कचूमर निकाल चुका है। अतः उसने १८२० में उक्त समीकरण पर परिश्रम किया और सिद्ध किया कि सार्विक समीकरण इस रूप में ढाला जा सकता है—

$$य^{५} - १० फ^{२} य = प,$$

और इस समीकरण का हल दशम घात के एक अन्य समीकरण पर निर्भर है। जॅकोबी के ध्यान में यह नहीं आया कि सार्विक पंचघात समीकरण का, बीजगणितीय विधि से, साधन असम्भव है।

१८२५ में जॅकोबी ने पी-एच० डी० की उपाधि प्राप्त की । इसका प्रबन्ध (Thesis) आंशिक भिन्नों (Partial Fractions) पर था। प्रबन्ध कोई बहुत

उच्च कोटि का नहीं था और उससे यह पता नहीं चलता था कि उसका लेखक एक दिन गणित के दिग्गजों में गिना जायगा। डाक्टरेट के साथ जॅकोबी ने शिक्षण की उपाधि भी ले ली। तत्पश्चात् इसने बर्लिन विश्वविद्यालय में कलन के प्रयोगों पर व्याख्यान देना आरम्भ किया। अपने व्याख्यानों में यह अपनी नवीनतम गवेषणा दिया करता था। और अपने शिष्यों को अनुसन्धान कार्य के लिए प्रेरित किया करता था। इसका एक विद्यार्थी था जिसमें आत्म-विश्वास की कमी थी। वह सदैव चाहता था कि "किसी समस्या पर स्वयं कार्य करने से पहले जितना कुछ भी कार्य उस पर आज तक हो चुका है, वह सब जान लूँ।" एक दिन जॅकोबी ने उसे इन शब्दों में लताड़ा, "यदि तुम्हारे पिता ने यह आग्रह किया होता कि एक लड़की से विवाह करने से पहले वह संसार की समस्त लड़कियों से परिचय प्राप्त कर लेंगे तो न उनका विवाह होता न तुम उत्पन्न होते।"

जॅकोबी जन्म से ही एक सफल अध्यापक था। इसने संख्या सिद्धान्त पर अपने कुछ फल प्रकाशित किये जो गाउस को इतने पसन्द आये कि उसने इसे तुरन्त सहायक अध्यापक नियुक्त करा दिया। जो लोग अध्यापन कार्य में इसके अग्रज थे, उन्हें बुरा लगा किन्तु १८२९ में जब इसने दीर्घवृत्तीय फलनों पर अपना पहला ग्रन्थ प्रकाशित किया तब उन्हीं लोगो ने कहा कि जॅकोबी की उन्नति में तनिक भी अन्याय नहीं हुआ है।

१८४० में जॅकोबी पर आर्थिक संकट आ पड़ा। १८४२ में इसके स्वास्थ्य ने भी जबाब दे दिया। यह पाँच महीने रोम और नेपिल्स (Naples) में छुट्टी पर रहा। जब यह बर्लिन लौटा तब इसे प्राध्यापकत्व तो दुबारा नहीं मिला किन्तु राज विभाग से इसे भत्ता मिलने लगा। कुछ समय पश्चात् यह राजनीति में पड़ गया। यह संसद के लिए खड़ा हुआ किन्तु निर्वाचित नहीं हुआ। इसका भत्ता भी बन्द हो गया किन्तु कुछ मित्रों की सहायता से कुछ समय पीछे दुबारा मिलने लगा।

जॅकोबी का कार्य गतिविज्ञान में भी बहुत महत्त्वपूर्ण रहा है। मॅन्चैस्टर (Manchester) में इसकी भेंट हॅमिल्टन (Hamilton) से हुई थी। इसने गतिविज्ञान की डोरी को वहीं से पकड़ लिया जहाँ पर हॅमिल्टन ने उसे छोड़ा था। **आकर्षण सिद्धान्त** पर भी इसने बहुत कार्य किया और दीर्घवृत्तीय और आॅबॅली फलनों का दीर्घवृत्तजों (Ellipsoids) के आकर्षण पर प्रयोग किया। आॅबॅली फलनों पर इसका कार्य बहुत मौलिक रहा है। यह फलन **आॅबॅली समाकलों** के उत्क्रमण (Inversion) से उत्पन्न होता है। जॅकोवी ने इन फलनों का भी सार्वीकरण किया है।

बीजगणित के क्षेत्र में जॅकोबी का कार्य बहुत उपयोगी रहा है। इसने सारणिक सिद्धान्त (Theory of Determinants) को बहुत सरल रूप दे दिया है। एक प्रकार का सारणिक तो इसी के नाम से प्रसिद्ध है जिसे **जॅकोबियन** (Jacobean) कहते हैं। हम यहाँ द्वितीय क्रम (Order) के जॅकोबियन की परिभाषा देते हैं।

मान लीजिए कि चरों य, र के दो फलन प (य, र), फ (य, र) हैं। तो सारणिक

$$\begin{vmatrix} \frac{तप}{तय} & \frac{तप}{तर} \\ \frac{तफ}{तय} & \frac{तफ}{तर} \end{vmatrix}$$

प, फ का य, र के प्रति जॅकोबियन कहलाता है, और इसे संक्षिप्त रूप में इस प्रकार

$$\frac{त\ (प,\ फ)}{त\ (य,\ र)}$$

लिखते हैं।

अब यदि हम डिरिचले (१८०५–५९) का उल्लेख नहीं करेंगे तो बात बनेगी नहीं। पीटर गस्टव लॅज्यून डिरिचले (Peter Gustav Lejeune Dirichlet) का जन्म डूरॅन (Düren) में हुआ था। इसकी शिक्षा कोलोन (Cologne) में हुई थी। १८२२–२७ में यह निजी शिक्षक रहा, तत्पश्चात् ब्रॅस्लॉ (Breslau) और बर्लिन में प्राध्यापक रहा और १८५५ में गाउस के स्थान पर गटिंगन में नियुक्त हुआ। १८३२ में यह बर्लिन परिषद् का सदस्य हुआ और १८५४ में पेरिस परिषद् का विदेशी सदस्य।

डिरिचले के प्रिय विषय संख्या सिद्धान्त और बीजगणित थे। यों इसने सम्मिश्र संख्याओं, निश्चित समाकलों और **विभव** (Potential) पर भी अभिपत्र लिखे हैं। इसका पहला लेख फर्मा के समीकरण

$$य^{स}+र^{स}=ल^{स}$$

पर था जिसमें इसने सिद्ध किया था कि स=५ के लिए यह समीकरण सत्य हो ही नहीं सकता।

डिरिचले जीवन भर गाउस का भक्त रहा। १८६३ में इसका प्रसिद्ध ग्रन्थ 'संख्या सिद्धान्त' (Zahlentheorie) छपा। इसमें गाउस के अनुसन्धानों का

बहुत सुन्दर विवेचन किया गया है और बहुत से नये फल भी दिये गये ह। सम्मिश्र राशियों पर डिरिचले का गवेषणा कार्य १८४१-४२ और ४६ में प्रकाशित हुआ। इसके अतिरिक्त इसने फ़ूरियर श्रेणी की अभिसृति की परुष उपपत्ति भी दी।

डिरिचले के नाम से तीन बातें प्रसिद्ध हो गयी हैं—

(i) १८४० में डिरिचले ने एक अभिपत्र लिखा था जिसमें संख्या सिद्धान्त पर वैश्लेषिक फलन सिद्धान्त का प्रयोग करके दिखाया था। सर्व प्रथम इसी पत्र में डिरिचले ने इस श्रेणी

$$\sum_{स=०}^{\infty} \frac{१}{(स+क)^{प}}$$

का उपानयन किया था। यही श्रेणी आज तक 'डिरिचले श्रेणी' (Dirichlet Series) के नाम से विख्यात है।

(ii) **डिरिचले समाकल** (Dirichlet Integral) जिसका तीन चरों वाला रूप हम यहाँ देते हैं—

मान लीजिए कि फ (व) एक सतत फलन है। तो

$$\int\int\int फ\,(य+र+ल)\ य^{अ-१}\ र^{इ-१}\ ल^{उ-१}\ ताय\ तार\ ताल$$

$$= \frac{\Gamma(अ)\Gamma(इ)\Gamma(उ)}{\Gamma(अ+इ+उ)} \int_{०}^{१} फ\,(व)\ ताव,$$

जिसमें वाम पक्ष का समाकल य, र, ल के ऐसे समस्त धन मानों पर फैलाया जाय जिनके लिए $य+र+ल \leqslant १$.

यह प्रमेय कई रूपों में दिया जाता है।

(iii) **डिरिचले सिद्धान्त** (Dirichlet Principle)—मान लीजिए कि फ चरों य, र, ल का कोई फलन है। तो दिये हुए पर्यन्त अनुबन्धों (Boundary conditions) के लिए एक फलन फ ऐसा अस्तित्वमय होगा जिसके लिए समाकल

$$\int\int\int \left[ फ_{य}^{२} + फ_{र}^{२} + फ_{ल}^{२} \right]\ ताय\ तार\ ताल$$

का मान न्यूनतम होगा।

यह सिद्धान्त भी कई प्रकार से लिखा जा सकता है।

वह गणित का इतिहास किस काम का जिसमें हैंमिल्टन का नाम न आये ? विलियम रोवैंन हैंमिल्टन (William Rowan Hamilton) (१८०५–६५) के विषय में दो विवाद हैं। पहला विवाद तो इस बात पर है कि यह स्कॉटलैण्ड (Scotland) का निवासी था अथवा आयरलॅण्ड (Ireland) का। इसका जन्म आयरलॅण्ड के नगर डबलिन (Dublin) में हुआ था और यह स्वयं भी अपने आप को आयरलॅण्डी कहता था। अतएव हम भी इसको आयरलॅण्ड का ही निवासी मानते हैं।

**हैंमिल्टन (१८०५-६५)**

[स्क्रिप्टा मॅथॅमॅटिका की अनुज्ञा से, 'पोर्ट्रेट्स ऑफ ऐंमिनेंण्ट मॅथॅमॅटीशियंस' से प्रत्युत्पादित।]

दूसरा विवाद हैंमिल्टन की जन्म-तिथि के विषय में है। इसका जन्म ३-४ अगस्त १८०५ को ठीक मध्य-रात्रि में हुआ था। अतएव इसकी जन्म-तिथि ३ अगस्त

मानी जाय अथवा ४ अगस्त ? इसने स्वयं भी अपने इतिहासज्ञों को घपले में डाल दिया है, क्योंकि वर्षों यह अपनी जन्म-तिथि ३ अगस्त देता रहा, किन्तु जीवन के अंतिम दिनों में इसने बदल कर उसे ४ अगस्त कर दिया। इसकी कब्र पर जन्म-तिथि ४ अगस्त पड़ी हुई है।

हॅमिल्टन की शिक्षा अद्भुत् ढंग से हुई थी। जब यह तीन ही वर्ष का था तभी इसके पिताजी ने इसे इसकी माँ की छत्रछाया से हटाकर इसके तायाजी जेम्स हॅमिल्टन (James Hamilton) के पास भेज दिया। इसके पिता एक सफल व्यापारी थे, किन्तु बौद्धिक अभ्याप्तियों (Intellectual attainments) से कोसों दूर थे। जेम्स पश्चिम से लेकर पूर्व तक की दर्जनों भाषाओं के ज्ञाता थे। उन्होंने हॅमिल्टन को भी विभिन्न भाषाओं का ज्ञान कराना आरम्भ कर दिया। जब हॅमिल्टन बारह वर्ष का था, तभी इसकी माता का स्वर्गवास हो गया और इसकी चौदह वर्ष की अवस्था में इसके पिता भी चल बसे। अब इसकी देखरेख करने के लिए केवल भाषाओं के पिटारे इसके तायाजी ही रह गये।

बचपन में ही हॅमिल्टन ने कितना ज्ञान उपलब्ध कर लिया, इसका इतिहास अविश्वसनीय है। हम यहाँ उसकी एक तालिका देते हैं—

| **अवस्था** | **भाषाओं और विषयों का ज्ञान** |
|---|---|
| ३ वर्ष | अंग्रेजी, अंकगणित |
| ४ ,, | भूगोल |
| ५ ,, | लॅटिन, ग्रीक, हिब्रू का ज्ञान और उनके अनुवाद की क्षमता, इसके अतिरिक्त अंग्रेजी और ग्रीक के कवियों की सैकड़ों रचनाएँ कण्ठस्थ |
| ८ ,, | इटॅलियन, फ्रेंच |
| १० ,, | फ़ारसी, अरबी, खल्दी (Chaldee), सीरी (Syriac), संस्कृत, हिन्दी, बंगाली, मराठी, मलायी, चीनी |
| १३ ,, | तेरह भाषाओं का पण्डित |

हॅमिल्टन बहुत सन्तुलित स्वभाव का व्यक्ति था। इसका स्वास्थ्य अच्छा था और इसे तैरने का शौक़ था। जीवन की सन्ध्या के दिनों में एक बार इसका सन्तुलन

बिगड़ गया। बात यह हुई कि एक व्यक्ति ने इसे झूठा कह दिया। इसने उसे द्वन्द्व के लिए ललकारा, किन्तु मित्रों ने बीच बचाव करके मामला शान्त कर दिया।

हॅमिल्टन ने गणित का अध्ययन बारह वर्ष की अवस्था में आरम्भ किया और पाँच वर्ष में यह उच्च गणित में पारंगत हो गया। इसने न्यूटन और लॅग्रांज का विशेष रूप से अध्ययन किया था। कलन के साथ साथ इसने ज्यौतिष में भी रुचि दिखायी थी। सत्रह वर्ष की अवस्था में ही इसने लॅप्लास की 'बल समान्तर-चतुर्भुज' की उपपत्ति में एक त्रुटि निकाल दी। जब इसका तत्सम्बन्धी लेख आयरलॅण्ड के राजकीय ज्यौतिषी जॉन ब्रिंकले (John Brinkley) को दिखाया गया, तो तुरन्त उनके मुँह से निकला कि 'इसका लेखक बड़ा होनहार है।'

हॅमिल्टन कई वर्ष डबलिन के ट्रिनिटी कॉलिज में पढ़ा, किन्तु पाठ्यक्रम समाप्त होने से पहले ही ब्रिंकले के स्थान पर ज्यौतिष का प्राध्यापक नियुक्त हो गया। इसने अपना सारा शेष जीवन डबलिन की वेधशाला में ही बिताया। जब तक यह कॉलिज में रहा, गणित और प्राच्य भाषाओं के समस्त पारितोषिक इसी को मिला करते थे। और उन्हीं दिनों इसने "रश्मि-निकायों" (Systems of rays) पर एक अभिपत्र तैयार कर लिया जिसे पढ़कर ब्रिंकले को कहना पड़ा कि "हॅमिल्टन अपने समय का सबसे बड़ा गणितज्ञ होगा नहीं, वरन् है।"

हॅमिल्टन जीवन भर एक तुकबन्द भी रहा। इसने एक प्रेयसी ढूँढ़ निकाली और उस पर दसियों कविताएँ लिख डालीं। जब इसे पता चला कि उक्त लड़की ने एक सिपाही से विवाह कर लिया है तो इसकी इच्छा डूबकर आत्महत्या करने की हुई किन्तु इसने अपनी उक्त इच्छा की पूर्ति नहीं की, वरन् एक कविता लिखकर सन्तोष कर लिया।

अट्ठाईस वर्ष की अवस्था में हॅमिल्टन ने एक अन्य स्त्री से विवाह कर लिया। इसके कुछ दिन पश्चात् यह पीने भी लगा। एक बार एक वैज्ञानिक भोज में यह इतनी पी गया कि बेक़ाबू हो गया और इसने शपथ ले ली कि "फिर कभी नहीं पियूँगा।" इसने दो वर्ष अपनी क़सम को निभाया। दो वर्ष पश्चात् फिर उसी ढंग के एक भोज में इसके एक पुराने मित्र एयरी (Airy) ने इसकी खिल्ली उड़ायी कि "यह तो केवल एक जल-पियक्कड़ है।" बात इसे लग गयी और इसने फिर पीना आरम्भ कर दिया।

हॅमिल्टन को अपने जीवन में बहुत से सम्मान मिले। इसे 'सर' की उपाधि मिली, रॉयल आइरिश परिषद् (Royal Irish Academy) का सभापतित्व

मिला और जीवन की अन्तिम घड़ियों में संयुक्त राष्ट्र अमेरिका, की 'राष्ट्रीय विज्ञान परिषद्' की वैदेशिक सदस्यता प्राप्त हुई।

चाक्षुषी में तो हैमिल्टन का कार्य आश्चर्यजनक रहा ही, चतुष्टयों (Quaternions) पर इसका कार्य चमत्कारिक रहा है। इस विषय में हैमिल्टन के मस्तिष्क की पराकाष्ठा दिखाई देती है। १८३५ में इसने बीजगणितीय युग्मों (Algebraic Couples) पर एक अभिपत्र लिखा। बीजगणित के प्रति इसका दृष्टिकोण ही निराला था। यह बीजगणित को केवल संख्या विज्ञान नहीं वरन् 'प्रगति-क्रम विज्ञान' (Science of the order of progression) समझता था। और इसको प्रगति का सबसे सुन्दर निरूपण 'समय' में दिखाई पड़ता था। इसी लिए यह बीजगणित को "**शुद्ध समय विज्ञान**" (Science of Pure Time) कहा करता था। वर्षों यह इस बात पर विचार करता रहा कि दो परस्पर लम्ब सदिश रेखाओं के गुणनफल का निरूपण किस प्रकार होगा। १६ अक्तूबर १८४३ को यह एक दिन अपराह्ण में अपनी पत्नी के साथ टहल रहा था कि एकदम से इसके मस्तिष्क में एक विचार बिजली की भाँति कौंध गया। इसने सड़क पर से एक पत्थर उठा लिया और चाकू से उस पर ये सूत्र गोद दिये—

$$\text{ए}^2 = \text{ऐ}^2 = \text{ओ}^2 = \text{ए ऐ ओ} = -१$$

$$[\, i^2 = j^2 = k^2 = ijk = -1 \,]$$

यों तो चतुष्टयों का इतिहास बहुत पुराना है। ऑयलर तो हैमिल्टन से सौ वर्ष पहले हुआ था। उसका एक फल ऐसा था जिसे चतुष्टयों के पदों में बहुत सरलता से निरूपित किया जा सकता है। एक दिन डी मॉर्गन ने विनोद में हैमिल्टन से कहा कि, "कहो तो प्राचीन हिन्दुओं से लेकर महारानी विक्टोरिया के समय तक का, चतुष्टयों का इतिहास तैयार कर दूँ।" यदि इस कथन में कुछ तथ्य भी हो तो भी यह मानना पड़ेगा कि हैमिल्टन ने चतुष्टयों के विषय में एक नये अध्याय का सर्जन किया। इसके "चतुष्टयों पर व्याख्यान" १८५२ में प्रकाशित हुए।

हैमिल्टन के जीवन के अन्तिम बाईस वर्ष चतुष्टयों के विकास में ही बीते। इसने ज्यौतिष और गतिविज्ञान पर इनका प्रयोग किया। हैमिल्टन की मृत्यु के पश्चात् इसके घर से काग़ज़ों का एक ढेर निकला जिसमें साठ गणितीय पुस्तकों की पाण्डुलिपियाँ भी थीं। इसकी समस्त कृतियाँ आज तक प्रकाशित नहीं हो पायी हैं। ऐसा प्रतीत होता है कि हैमिल्टन के लिए भोजनअथवा जलपान आया करता था,किन्तु यह गणितीय कार्य में इतना बझा रहता था कि इसे खाने की सुधि ही नहीं रहती थी। यही कारण

है कि काग़ज़ों के ढेर के अन्दर इसके घर से दर्जनों टूटी हुई प्लेटें और आलू चॉप, रोटी आदि निकले। इसमें सन्देह नहीं कि हैमिल्टन एक बहुत ही धुनी व्यक्ति था और इतना देश प्रेमी था कि अपना समस्त गवेषणा कार्य इसी विचार से किया करता था कि उसके द्वारा इसके देश का मस्तक ऊँचा हो।

इस स्थल पर यदि हम दो शब्द कुमर के विषय में न कहें तो अनुचित होगा। अर्न्स्ट ऍड्वर्ड कुमर (Ernst Eduard Kummer) (१८१०–९३) की शिक्षा धर्मशास्त्र और गणित में हुई थी। प्रारम्भ में यह क्रम से कई स्थानों पर पढ़ाता रहा। १८४२ में यह ब्रॅस्लॉ (Breslau) में और १८५५ में बर्लिन में गणित का प्राध्यापक नियुक्त हुआ जहाँ यह १८८४ तक रहा।

कुमर का घनिष्ठ सम्बन्ध संख्या सिद्धान्त से है। कुमर ने समीकरण

$$\text{य}^{\text{स}} - १ = ० \qquad \text{(i)}$$

का अध्ययन किया जिसमें स कोई धन पूर्णांक है। इस सम्बन्ध में इसने इस प्रकार की सम्मिश्र संख्याओं का उपानयन किया—

$$\text{अ} = \text{क}_१ \text{ का}_१ + \text{क}_२ \text{ का}_२ + \text{क}_३ \text{ का}_३ + \ldots\ldots\ldots,$$

जिसमें $\text{क}_१$, $\text{क}_२$, $\text{क}_३$,.........वास्तविक पूर्णांक हैं और $\text{का}_१$, $\text{का}_२$, $\text{का}_३$,......... समीकरण (i) के मूल।

कुमर ने फ़र्मा के अन्तिम प्रमेय

$$\text{य}^{\text{स}} + \text{र}^{\text{स}} = \text{ल}^{\text{स}} \qquad (\text{स} > २)$$

पर भी वर्षों परिश्रम किया। इस सम्बन्ध में इसने **आदर्श संख्याओं** (Ideal Numbers) का सर्जन किया। इन संख्याओं की सहायता से कुमर ने फ़र्मा के अन्तिम प्रमेय की एक उपपत्ति निकाली। उपपत्ति सर्वथा सार्विक तो नहीं है, किन्तु अधिकांश पूर्णांकों पर लागू है। १०० तक का कोई भी पूर्णांक ऐसा नहीं है जिस पर कुमर की उपपत्ति प्रयोज्य न हो। १८५७ में फ्रांस की विज्ञान परिषद् ने कुमर को उसके संमिश्र पूर्णांक (Complex Integers) सम्बन्धी कार्य पर ३००० फ्रॅंक का पुरस्कार दिया।

श्रेणी अभिसरण (Convergence of Series) पर भी कुमर का कार्य महत्त्वपूर्ण हुआ है। आज भी गणित के विद्यार्थी "**कुमर परीक्षण**" का अध्ययन करते हैं। हम यहाँ उक्त परीक्षण की प्रतिज्ञा देते हैं।

मान लीजिए कि

$$\text{ब}_१ + \text{ब}_२ + \text{ब}_३ + \ldots\ldots\ldots \text{ब}_{\text{स}} + \ldots\ldots\ldots$$

$$\text{और } \frac{१}{भ_१} + \frac{१}{भ_२} + \frac{१}{भ_३} + \ldots\ldots \frac{१}{भ_स} + \ldots\ldots$$

धन पदों की दो श्रेणियाँ हैं जिनमें से दूसरी अपसारी (Divergent) है।

$$\text{तो श्रेणी } \sum_{१}^{\infty} ब_स$$

अभिसारी (Convergent) अथवा अपसारी होगी

$$\text{यदि क्रमशः } \frac{ब_स}{ब_{स+१}} \gtrless \frac{भ_{स+१}}{भ_स} \text{ ।}$$

इस परीक्षण में $भ_स = १$ रखने से इस असमता का यह रूप

$$\frac{ब_स}{ब_{स+१}} \gtrless १$$

प्राप्त होता है। इसी को **डिलेम्बर्ट परीक्षण** कहते हैं।

और यदि

$$भ_स = \frac{१}{स}$$

ले लें तो परीक्षण का यह रूप

$$स\left( \frac{ब_स}{ब_{स+१}} - १ \right) \gtrless १$$

हो जाता है। इसे **राबे परीक्षण** ( Raabe Test ) कहते हैं। राबे का जीवन काल १८०१––५९ था।

कुमर ने रिकॅटी समीकरण और **पराज्यामितीय श्रेणी** ( Hypergeometric Series) पर भी कार्य किया है। इसके अतिरिक्त एक प्रकार के तलों की परिभाषा दी है जिन्हें "**कुमर तल**" (Kummer Surfaces) कहते हैं।

अब बताइए हम बूल का उल्लेख कैसे न करें। जॉर्ज बूल (George Boole) (१८१५–६४) एक अंग्रेज़ गणितज्ञ और तर्कशास्त्री था। इसके पिता एक सामान्य स्थिति के व्यापारी थे। सोलह वर्ष की अवस्था में बूल एक स्कूल मास्टर हो गया और चौंतीस वर्ष की अवस्था में कॉर्क (Cork) के एक कॉलिज में गणित का प्रोफ़ेसर। बूल ने अपने जीवन में दो ही ग्रन्थ लिखे––एक अवकल समीकरणों पर, दूसरा सान्त अन्तर कलन पर। बूल प्रमुख रूप से इस बात के लिए प्रसिद्ध है कि इसने

**संक्रिया संकेतों** ( Symbols of operation ) को राशि **संकेतों** ( Symbols of quantity ) से सर्वथा भिन्न माना है। इतना ही नहीं, इसने इस मत का प्रतिपादन भी किया है कि संक्रिया संकेतों पर भी हम गणित के मूलभूत नियमों को उसी प्रकार लागू कर सकते हैं जिस प्रकार राशि संकेतों पर।

किन्तु बूल की ख्याति विशेषकर तर्कशास्त्र के क्षेत्र में हुई है। इसने १८४७ में 'तर्क के गणितीय विश्लेषण' पर एक अभिपत्र लिखा जिसने तुरन्त गणितीय जगत् का ध्यान अपनी ओर आकृष्ट कर लिया। १८५४ में इसका 'विचार के नियम' नामक ग्रन्थ प्रकाशित हुआ। निस्सन्देह इसका सबसे प्रसिद्ध ग्रन्थ यही है। इसी पुस्तक को पढ़कर बर्ट्रॅण्ड रसॅल (Bertrand Russell) ने हाल ही में कहा है कि "शुद्ध गणित का आविष्कार बूल ने ही किया था।"

बूल ने तर्कशास्त्र को भी बीजगणित का अंग बना दिया था। इस प्रकार बीज़-गणित सबसे आधारभूत विज्ञान बन जाता है। हम यहाँ बीजगणित के पाँच मूलभत नियम देते हैं।

मान लीजिए कि क, ख, ग,.....कुछ अल्पांशों ( Elements ) का एक कुलक (Set) है जो निम्नलिखित पाँच नियमों का पालन करते हैं। तो इस **अल्पांश निकाय** (System of elements) को हम **'क्षेत्र'** ( Field ) कहेंगे।

(i) यदि क, ख क्षेत्र के दो अल्पांश हैं, तो

क+ख=ख+क, क ख= ख क

और अल्पांश (क+ख), (क ख) भी उसी क्षेत्र के अल्पांश हैं।

इस नियम को व्यत्यय नियम ( Law of Commutation ) कहते हैं।

(ii) यदि क, ख, ग तीन अल्पांश हों तो

(क+ख)+ग=क+(ख+ग), (क ख) ग=क ख ग=क (ख ग)

इस नियम को सहचरण नियम ( Law of Association ) कहते हैं।

साथ ही, क (ख+ग)=क ख+क ग।

यह 'वितरण नियम' ( Law of Distribution ) कहलाता है।

(iii) उसी क्षेत्र में ऐसे दो पृथक् अल्पांश ०, १ होंगे, कि

क+०=क=०+क; क. १=क=१. क ।

(iv) प्रत्येक क्षेत्र में एक अल्पांश य ऐसा होता है कि

क+य=०, अर्थात् य+क=० .

(v) यदि क, ० को छोड़ कर कोई भी अल्पांश हो तो प्र येक क्षेत्र में एक एसा अल्पांश र भी होगा कि

क र=१, अर्थात् र क= १ .

परम्परा से बीजगणित के ये नियम चले आ रहे थे। हैंमिल्टन ने इस परम्परा को तोड़ा और इस बात पर विचार किया कि क्या ऐसी संख्याओं का अस्तित्व नहीं हो सकता जो उपरिलिखित नियमों में से एक अथवा अनेक का पालन न करें। और वह इस निष्कर्ष पर पहुँचा कि ऐसी संख्याएँ सम्भव हैं। आज उच्च गणित के समस्त विद्यार्थी जानते हैं कि श्रेणिक ( Matrices ) गुणन के व्यत्यय नियम का पालन नहीं करते। इस प्रकार किसी एक नियम की उपेक्षा करने से एक नये प्रकार का बीजगणित तैयार हो जाता है। इस ढंग से अब तो दर्जनों प्रकार के बीजगणितों की सृष्टि हो चुकी है और आये दिनों गणितज्ञ नये नये प्रकार के बीजगणितों का सर्जन करते रहते हैं जो 'विचार नियमों' में से कुछ का पालन करते हैं, कुछ का नहीं।

इस प्रकार हैंमिल्टन ने बीजगणित के क्षेत्र में एक नये पथ का प्रदर्शन किया। बूल ने इस प्रवृत्ति को और भी आगे बढ़ाया। इसने यह उक्ति दी कि उपरिलिखित अल्पांश क, ख, ग,......राशियों के बदले किसी भी भाव का निरूपण कर सकते हैं। मान लीजिए कि संकेत

य=झूठा ।

तो (१—य) का अर्थ हुआ 'ऐसे समस्त प्राणी जो झूठे न हों।'

इसी प्रकार, यदि

र=गंजा,

तो १–र=( जो गंजे न हों )

अतः यर=(जो झूठे भी हों, गंजे भी)

और (१—य) (१—र)=(जो न झूठे हों, न गंजे).

इस प्रकार, समीकरण

$$य\ (१—य)=० \qquad (i)$$

का अर्थ निकलेगा—वह वस्तु य जिसमें और (१—य) में कोई भी सामान्य तत्त्व न हो। यदि इस समीकरण का यह अर्थ लगाया जाय तो स्पष्ट है कि इसके हल सैकड़ों प्रकार की आकृतियाँ हो सकती हैं।

अतः (i) के अनन्त हल हो सकते हैं जिनका एक दूसरे से कोई सम्बन्ध न हो। स्पष्ट है कि (i) का अर्थ सामान्य बीजगणितीय वर्ग समीकरण

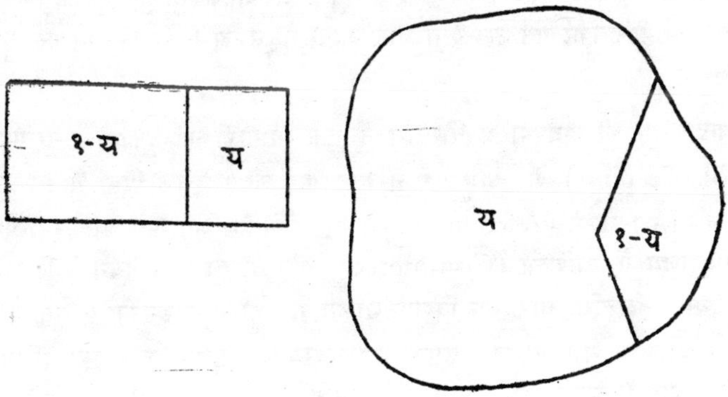


**-बीजगणित के एक विचार नियम का प्रदर्शन।**

य (१—य)=य—य$^{२}$=०

से सर्वथा भिन्न है, यद्यपि देखने में दोनों बिलकुल एक हैं।

बूल ने बीजगणित के अर्थ में इतने मौलिक आविष्कार किये हैं कि इस प्रकार के बीजगणित को **बूली बीजगणित** (Boolian Algebra) कहते हैं।

यहाँ हम फिर एक महान् गणितज्ञ का परिचय पाठकों को देना चाहते हैं। यह है कार्ल विलियम थियोडोर वीर्स्ट्रास (Karl Wilhelm Theodor Weierstrass) (१८१५–९७) जो अपने भाई बहनों में सबसे बड़ा था। इसका जन्म वेँस्टफ़ेलिया (Westphalia) के एक गाँव में हुआ था। इसके पिता फ्रांस के तटकर विभाग के एक अधिकारी थे। जब यह ग्यारह वर्ष का था तभी इसकी माता का चोला छूट गया और इसके पिता ने दूसरा विवाह कर लिया। वीर्स्ट्रास दो भाई और दो बहन थे जिनमें से किसी ने भी विवाह नहीं किया।

वीर्स्ट्रास के जन्म के पश्चात् यह परिवार वेँस्टर्नकोटेँन (Westernkotten) चला गया और वहीं इसके पिता ने नौकरी कर ली। बाप बेटे में बहुत दिन इस बात पर संघर्ष चला कि बेटे को किस व्यवसाय में डाला जाय। बड़ी कठिनाइयों के पश्चात् पुत्र की विजय हुई। उक्त गाँव में कोई स्कूल नहीं था, अतः वीर्स्ट्रास को मुन्स्टर (Munster) के स्कूल में भेजा गया। जब तक यह स्कूलों में शिक्षा पाता रहा, इसे सदैव पुरस्कार मिला करते थे। यह गणित, जर्मन, लैंटिन, ग्रीक—प्रायः सभी में सर्व प्रथम रहा करता था।

प्रायः देखा गया है कि गणितज्ञों को संगीत में भी रुचि होती है। वीर्स्ट्रास इस नियम का अपवाद था। यह तो संगीत सहन भी नहीं कर सकता था। एक बार इसकी बहनों ने प्रयत्न करके इसके लिए संगीत की शिक्षा का प्रबन्ध किया, किन्तु दो एक पाठों में ही इसका मन ऊब गया और बहनों ने समझ लिया कि यह बेल मगरी नहीं चढ़ेगी।

पन्द्रह वर्ष की अवस्था में वीर्स्ट्रास ने एक व्यापारी की दुकान में पुस्तपालन (Book-Keeping) के काम पर नौकरी कर ली। इसके पिता ने सोचा कि लड़के को लेखा-पालन (Accountancy) का शौक़ है। अतः इसे बॉन (Bonn) विश्वविद्यालय में वाणिज्य (Commerce) और क़ानून के अध्ययन के लिए भर्ती करा दिया। वीर्स्ट्रास चार वर्ष विश्वविद्यालय में रहा। न इसका क़ानून में मन लगा, न वाणिज्य में। गणित में इसका मन अवश्य लगता था, किन्तु वहाँ गणित का एक ही अध्यापक तगड़ा था––जूलियस प्लकर (Julius Plücker) जिसे अपने विविध कार्य कलाप से कभी अवकाश ही नहीं मिलता था। परिणाम यह हुआ कि चार वर्ष पश्चात्, बिना कोई भी उपाधि प्राप्त किये, घर के बुद्धू घर लौट आये।

बॉन में वीर्स्ट्रास की दो आदतें पड़ गयी थीं : कुश्ती लड़ना और शराब पीना। और यह ढेरों पिया करता था। किन्तु इन दोनों शौक़ों के बीच में यह अध्ययन भी किया करता था। उन्हीं चार वर्षों में इसने **खगोल यान्त्रिकी** और अवकल समीकरणों का गहन अध्ययन कर लिया।

वीर्स्ट्रास के बॉन से कोरा लौट आने पर घर में कुहराम मच गया और सारा परिवार यह सोचने लगा कि अब इससे कराया क्या जाय। अन्त में एक मार्ग निकल आया। इसे मुन्स्टर के स्कूल में शिक्षा-उपाधि के लिए फिर प्रविष्ट कराया गया। यह दिन में अपनी कक्षाओं में पढ़ा करता था और सन्ध्या समय गणित का स्वाध्याय किया करता था। इसी स्कूल में वीर्स्ट्रास गुडरमॅन (Gudermann) (१७९८–१८५२) के सम्पर्क में आया। जिस दिन गुडरमॅन ने दीर्घवृत्तीय फलनों पर अपने व्याख्यान आरम्भ किये, उस दिन उसकी कक्षा में तेरह श्रोता थे। दूसरे दिन केवल एक रह गया था—वीर्स्ट्रास। कारण यह था कि अपने व्याख्यानों में गुडरमॅन बहुत ऊँची उड़ान लिया करता था। और सामान्य स्तर के श्रोता मुँह बाये बैठे रहते थे।

शिक्षा उपाधि तो वीर्स्ट्रास ने छब्बीस वर्ष की अवस्था में प्राप्त कर ली। एक वर्ष पश्चात् इसे एक अन्य परीक्षा देनी थी जिसके लिए इसे कई निबन्ध लिखने थे। इसी की प्रार्थना पर गुडरमॅन ने इसे निबन्ध के लिए एक गणितीय विषय दिया। इसके निबन्ध की गुडरमॅन ने भूरि भूरि प्रशंसा की और प्रतिवेदन में लिख दिया कि "ऐसे

मेधावी व्यक्ति की शक्ति स्कूल मास्टरी में नष्ट न की जाय, वरन् इसे किसी उच्च संस्था में स्थान दिया जाय।" किन्तु कौन सुनता है! यह एक माध्यमिक स्कूल में अध्यापक नियुक्त हुआ जिसमें पन्द्रह वर्ष रहा!

**वीर्स्ट्रास (१८१५–९७)**

[ डोवर पब्लिकेशंस, इन्कॉर्पोरेटेड, न्यूयॉर्क–१०, की अनुज्ञा से, डी० स्ट्रुइक कृत 'ए कॉन्साइज हिस्ट्री ऑफ़ मैथेमॅटिक्स' ( १.७५ डालर ) से प्रत्युत्पादित। ]

गुडरमेन का सारा कार्य फलनों की **घात श्रेणी** (Power Series) के रूप में प्रसार करने पर आधृत था। वीर्स्ट्रास ने भी अपना कार्य इसी संकेत से आरम्भ किया और विश्लेषण का आधार-स्तम्भ घात श्रेणी को ही बनाया। कभी कभी वीर्स्ट्रास कहा भी करता था कि "संसार में घात श्रेणी के अतिरिक्त और कुछ है ही नहीं।"

वीर्स्ट्रास आॅबॅल का बड़ा भक्त था। यह हर एक को परामर्श दिया करता था कि 'आॅबॅल की कृतियों का अध्ययन करो। उसने चिरस्थायी कार्य किया है।' यही शब्द वीर्स्ट्रास के विषय में भी कहे जा सकते हैं। वीर्स्ट्रास का कार्य तो अद्‌भुत था ही। वह इसके लिए और भी श्रेयस्कर था, क्योंकि इसके क्रियाशील जीवन का बहुतसा समय ऐसे गाँवों में बीता जहाँ इसे दूसरों की कृतियों के सम्पर्क में आने का अवसर ही नहीं मिलता था। डाक महसूल भी इतना अधिक था कि इसके जैसे निर्धन स्कूल मास्टर के लिए अपना वैज्ञानिक पत्राचार निभाना भी दुष्कर था। अतः यह अपने कार्य में दूसरों की कृतियों का कोई अभिदेश (Reference) दे ही नहीं पाता था। काॅशी वाले प्रकरण में हम उसके आधारभूत समाकल प्रमेय का उल्लेख कर चुके हैं। वीर्स्ट्रास को उस प्रमेय के प्रकाशन का पता १८४२ में लगा था किन्तु यह स्वयं उस प्रमेय को स्वतन्त्र रूप से १८११ में निकाल चुका था।

१८४२ में वीर्स्ट्रास एक स्कूल में गणित का सहायक अध्यापक नियुक्त हुआ जहाँ इसे गणित के अतिरिक्त भूगोल और जर्मन भी पढ़ानी पड़ती थी। उन्हीं दिनों की एक बात उल्लेखनीय है। जर्मनी की जनता में राजनीतिक चेतना जाग्रत हो रही थी। कुछ लोग खुल्लम खुल्ला सरकार की बुराई लेखों और कविताओं के रूप में किया करते थे। सरकार ने एक दोषवेचक (Censor) नियुक्त कर दिया था। दोषवेचक को कविता से घृणा थी। उसने समस्त पद्य रचनाओं की छानबीन का काम वीर्स्ट्रास को सौंप दिया था। वीर्स्ट्रास उनमें से सबसे विद्रोहात्मक रचनाओं को छाँट छाँट कर प्रकाशित करा दिया करता था। यह खेल बहुत दिन तक चलता रहा। अन्त में एक उच्चाधिकारी ने इसका भण्डाफोड़ कर दिया।

वीर्स्ट्रास का जीवन तपस्या में बीता। यह अपने काम में इतना एकाग्र चित्त हो जाता था कि दीन, दुनिया की सुधि नहीं रहती थी। जिन दिनों यह मुन्स्टर के स्कूल में अध्यापन किया करता था, उन्हीं दिनों की बात है कि एक दिन यह सवेरे आठ बजे की कक्षा में नहीं पहुँचा। संस्था के निदेशक को आश्चर्य हुआ और वह कारण जानने के लिए इसके घर पहुँचा। तो पता चला कि वीर्स्ट्रास एक गवेषणा कार्य में लगा हुआ था जो इसने पिछली सन्ध्या को आरम्भ किया था। रात भर यह उसी में सलग्न रहा

और इसको पता भी नहीं चला कि कब रात बीत गयी और सवेरा हो गया। इसने निदेशक से स्कूल में अपनी अनुपस्थिति के लिए क्षमा माँगी और कहा कि यह शीघ्र ही एक ऐसा आविष्कार प्रकाशित करेगा जो संसार को चकित कर देगा।

और ऐसा ही हुआ भी। १८५४ में वीर्स्ट्रास का उक्त अभिपत्र प्रकाशित हुआ जिसका विषय 'ऑबेली फलन' था। किसी को भी यह आशा नहीं हो सकती थी कि एक गाँव का स्कूल मास्टर इतनी उच्च कोटि का कार्य कर सकता है। उन दिनों कॉनिग्सबर्ग के विश्वविद्यालय में रिशैलो (Richelot) गणित के प्राध्यापक थे। उन्होंने अभिपत्र के लेखक की प्रतिभा को पहचाना और विश्वविद्यालय से आग्रह किया कि वीर्स्ट्रास को डाक्टरेट की मानोपाधि (Honorary Degree) दी जाय। उपाधि देने के लिए रिशैलो स्वयं वीर्स्ट्रास के निवास स्थान तक आया।

जर्मनी के शिक्षा मन्त्रालय ने वीर्स्ट्रास को एक वर्ष की छुट्टी दे दी जिसमें यह निर्विघ्न रूप से अपना गवेषणा कार्य कर सके। तत्पश्चात् यह बर्लिन विश्वविद्यालय में नियुक्त हो गया। कार्याधिक्य के कारण इसका स्वास्थ्य जवाब देने लगा और इसे लम्बी छुट्टी लेनी पड़ी। छुट्टी से लौटने पर भी इसके स्वास्थ्य में विशेष सुधार दिखाई नहीं दिया और यह एक व्याख्यान देते देते ही गिर पड़ा। इसके बाद यह रोग से उभर ही न पाया। इसने यह नियम बना लिया कि स्वयं कक्षा में बैठ जाया करता था और कक्षा में से किसी तेज लड़के को बुलाकर उससे श्याम पट्ट पर अपनी टिप्पणियों की नक़ल कराया करता था। एक लड़का अपने आपको बहुत लगाता था। वह क्या किया करता था कि नक़ल करते समय वीर्स्ट्रास की टिप्पणियों में अपनी ओर से भी कुछ जोड़ दिया करता था। जहाँ कहीं वह ग़लती करता था, वीर्स्ट्रास उठ कर मिटा दिया करता था। इस पर गुरु, चेले में संघर्ष होता था। विद्यार्थी भी अपनी बात पर अड़ जाता था किन्तु जीत अन्त में गुरु की ही हुआ करती थी।

एक उपाख्यान और देकर हम वीर्स्ट्रास के जीवन वृत्तांत को समाप्त करते हैं। १८७०–७१ में फ्रांस और प्रशा (Prussia) में लड़ाई हो चुकी थी जिसके कारण फ्रांस और जर्मनी का सम्बन्ध दूषित हो गया था। १८७३ में स्टॉकहोम (Stockholm) से मिताग-लैफ़लर (Mittag-Leffler) पेरिस आया और हर्मिट (Hermite) के साथ गवेषणा करने की इच्छा प्रगट की। हर्मिट ने फ्रांस और जर्मनी की कटुता को भुला कर उत्तर दिया कि "तुमने ग़लती की जो यहाँ आये। तुम्हें वीर्स्ट्रास के पास जाना चाहिए जो हम सब लोगों का चचा है।" मिताग-लैफ़लर ने उक्त उपदेश को हृदयंगम कर लिया और वीर्स्ट्रास के पास पहुँच गया।

वीर्स्ट्रास ने मिट्टी पर भी हाथ रख दिया तो वह सोना बन गयी। इसने स्वयं तो अपना कार्य बहुत कम प्रकाशित किया। इसके विद्यार्थियों ने इसके व्याख्यानों पर जो टिप्पणियाँ तैयार कीं उनके आधार पर इसका गवेषणा कार्य प्रकाशित हो गया। इसकी शुद्ध गणित सम्बन्धी गवेषणाओं के मुख्य क्षेत्र ये थे––

(i) आॅबेली फलन (Abelian Functions)

(ii) दीर्घवृत्तीय फलन (Elliptic Functions)

(iii) विचरण कलन (Calculus of Variations)

(iv) श्रेणी अभिसार (Convergence of Series)

(v) गुणनफल अभिसार (Convergence of Products)

(vi) द्विघात और वर्ग रूप (Bilinear and Quadratic Forms)

(vii) संमिश्र चर फलन (Functions of a Complex Variable)

एक बात और लिखनी रह गयी है। वीर्स्ट्रास के समय तक गणितज्ञों का यह विचार था कि समस्त सतत फलन अवकलनशील होते हैं। वीर्स्ट्रास ही पहला व्यक्ति था जिसने एक ऐसे फलन का उदाहरण दिया जो सतत है किन्तु कहीं भी अवकलनशील नहीं है। हम यहाँ उक्त फलन की एक विशिष्ट दशा देते हैं––

$$\text{यदि} \quad \text{फ}\,(\text{य}) = \sum_{0}^{\infty} २^{-\text{स}}\ \text{कोज्}\,(७^{\text{स}}\,\pi\,\text{य}),$$

तो य के किसी भी मान के लिए फ (य) अवकलनशील नहीं है।

वीर्स्ट्रास के इस आविष्कार ने समस्त गणितीय संसार को आश्चर्यचकित कर दिया था। यह फलन वीर्स्ट्रास के नाम से ही प्रसिद्ध हो गया है।

वीर्स्ट्रास के पश्चात् तो और गणितज्ञों ने भी अनवकलनशील सतत फलनों के उदाहरण दिये हैं। निम्नलिखित फल १९३० में वॅन दर वैर्डन (Van der Waerden)[1] ने दिया था––

१. Ein einfaches Beispiel einer nicht-differenziabaren Stetigen Funktion-Math. Zeitschrift 32 (1930) 474—5.

मान लीजिए कि य से उस समीपतम संख्या की दूरी को हम $फ_{स}$ (य) से निरूपित करते हैं जो इस रूप $\frac{१}{१०^{स}}$ की हो।

$$\text{तो फलन फ (य)} = \sum_{स=१}^{\infty} फ_{स}\ (य)$$

सतत है किन्तु अवकलनशील नहीं है।

इसके अतिरिक्त, १९१८ में नॉप (Knopp)[२] ने एक सार्विक विधि दे दी जिससे बहुत से अनवकलनशील सतत फलनों का सर्जन किया जा सकता है।

यह तो रहे ऐसे फलन जो पूरे के पूरे अन्तरालों में अनवकलनशील हैं। किन्तु बहुत से ऐसे फलन भी होते हैं जो एक विशिष्ट बिन्दु को छोड़कर शेष सब स्थानों पर अवकलनशील होते हैं। ऐसे फलनों का सबसे सरल उदाहरण यह है—

$$र = |य|,$$

$$\text{अर्थात्}\quad र = य,\ \text{यदि}\ य > ०$$
$$= -य,\ \text{यदि}\ य < ०.$$

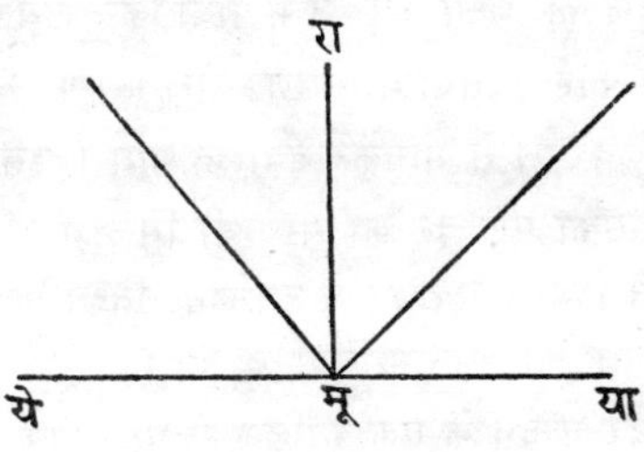


**एक अनवकलनशील फलन**

यह फलन मूलबिन्दु पर सतत है किन्तु अवकलनशील नहीं है। शेष सब बिन्दुओं पर सतत भी है, अवकलनशील भी।

इतिहासज्ञ इंग्लॅण्ड के दो गणितज्ञों का नाम एक साथ लेते हैं—सिल्वेंस्टर और केली का। इसमें सन्देह नहीं कि दोनों वर्षों एक दूसरे के मित्र रहे और इन्होंने कन्धे-से-कन्धा भिड़ा कर काम किया। किन्तु दोनों के स्वभाव में आकाश पाताल का अन्तर

२. Ein einfaches Verfahren zur Bildung stetiger, nirgends differenzierbarer Funktionen-Math Zeitschrift 2 (1918) 1—26.

था। सिल्वेंस्टर का जीवन संघर्ष में ही बीता; केली के मार्ग में बहुत कम विघ्न, बाधाएँ आयीं। सिल्वेंस्टर क्षण में नरम, क्षण में गरम था, केली धीर, गम्भीर था। सिल्वेंस्टर प्रायः सदैव कवित्वमय भाषा में बोला करता था, केली की भाषा गणितीय सूत्रों में निकला करती थी। स्वभाव के इसी वैषम्य के कारण दोनों में बहुधा मन-मुटाव हो जाया करता था। जब दोनों में किसी बात को लेकर विवाद हुआ करता था, सिल्स्वेंटर आँधी और तूफ़ान की तरह बरस पड़ता था, केली चट्टान की भाँति शान्त बना बैठा रहता था। थोड़ी देर के पश्चात् सिल्वेंस्टर अपनी करनी पर पछताता था। किन्तु पश्चात्ताप का दौर समाप्त भी नहीं होने पाता था कि दूसरा उबाल आ जाता था।

जेम्स जोज़ेफ़ सिल्वेंस्टर (James Joseph Sylvestor) (१८१४–९७) का जन्म लन्दन में हुआ था। यह कई भाई-बहनों में सबसे छोटा था। स्कूली शिक्षा प्राप्त करके चौदहवें वर्ष में यह लन्दन विश्वविद्यालय में प्रविष्ट हुआ जहाँ यह डी मॉर्गन का शिष्य बना। पन्द्रह वर्ष की अवस्था में इसने लिवरपूल की एक संस्था में प्रवेश किया। यह अपनी कक्षा में और सब विद्यार्थियों से इतना आगे निकल गया कि इसके लिए एक विशेष कक्षा बनानी पड़ी। उन्हीं दिनों अमेरिका की एक कम्पनी ने पारितोषिक के लिए एक कठिन समस्या सिल्स्वेंटर को दी। इसने प्रश्न को पूर्ण रूप से हल कर लिया और इस प्रकार ५०० डॉलर का पारितोषिक मार दिया।

सिल्वेंस्टर ने कॉलिज की शिक्षा केम्ब्रिज में पायी, किन्तु इसके यहूदी धर्म के कारण विश्वविद्यालय ने न इसे कोई उपाधि दी, न छात्रवृत्ति। एक बार यह अपने धार्मिक विचारों के कारण ही लिवरपूल से भागकर डबलिन गया। इसकी जेब में बहुत थोड़े पैसे थे, किन्तु गली में इसका एक दूर का सम्बन्धी मिल गया जिसने इसे लिवरपूल लौट जाने का किराया दें दिया। १८७१ में डबलिन विश्वविद्यालय ने ही इसे बी० ए० और एम० ए० दोनों की मानोपाधियाँ दे दीं।

१८३७ में सिल्वेंस्टर लन्दन के एक कॉलिज में प्राध्यापक नियुक्त हुआ और दो वर्ष पश्चात् रॉयल सोसायटी का अधिसदस्य निर्वाचित हो गया। १८४१ में यह वर्जीनिया (Virginia) में प्राध्यापक नियुक्त हुआ किन्तु कुछ ही महीनों में इस का एक विद्यार्थी से संघर्ष हो गया जिसके कारण इसे वर्जीनिया छोड़ना पड़ा। लन्दन लौटने पर सिल्वेंस्टर पहले तो जीवनांकिक (Actuary) बना, फिर क़ानून का अध्ययन कर के बैरिस्टर हुआ। १८५५ में यह फिर ऊलविच (Woolwich) में गणित का प्राध्यापक नियुक्त हुआ और चौदह वर्ष तक उसी पद पर बना रहा। १८७० में इसे ज़बरदस्ती सेवा से निवृत्त कर दिया गया। १८७६ में यह अमेरिका के जॉन हॉप्किंस (John Hopkins) विश्वविद्यालय में नियुक्त हो गया।

१८८३ में इसे ऑक्सफोर्ड की एक गद्दी मिल गयी जिस पर यह १८९२ तक रहा। जीवन के अन्तिम दिन इसने लन्दन में बिताये।

सिल्वेंस्टर (१८१४–९७)

[ डोवर पब्लिकेशंस, इन्कॉर्पोरेटेड, न्यूयॉर्क—१०, की अनुज्ञा से, डी० स्ट्रुइक कृत 'ए कॉन्साइज़ हिस्ट्री ऑफ़ मॅथमॅटिक्स' ( १.७५ डालर ) से प्रत्युपादित। ]

सिल्वेंस्टर की कृतियाँ चार भागों में प्रकाशित हुई हैं। इसका प्रमुख कार्य बीजगणित पर है, विशेष कर **निश्चल सिद्धान्त** (Theory of Invariants) पर।

आर्थर केली (Arthur Cayley) (१८२१–९५) का जन्म रिचमण्ड (Richmond) में हुआ था। इसके पिताजी एक अंग्रेज व्यापारी थे जिन्होंने

केली (१८२१–९५)

[डोवर पब्लिकेशंस, इन्कॉर्पोरेटेड, न्यूयॉर्क—१०, की अनुज्ञा से, डी० स्ट्रुइक कृत 'ए कॉन्साइज हिस्ट्री ऑफ मैथेमैटिक्स' (१·७५ डॉलर) से प्रत्युत्पादित।]

पैट्रोग्राड (Petrograd) में प्रवास कर लिया था। चौदह वर्ष की अवस्था में केली लन्दन के एक कॉलिज में प्रविष्ट हुआ। १७ वर्ष की अवस्था में यह केम्ब्रिज के ट्रिनिटो कॉलिज में भर्ती हुआ । चार वर्ष में इसने बहुत से पुरस्कार पाये और १८४२ में यह स्नातक परीक्षा में सर्व प्रथस उत्तीर्ण हुआ । कुछ वर्ष इसने वकालत की। उन्हीं दिनों यह एक बार डबलिन गया और वहाँ चतुष्टयों पर हेँमिल्टन के व्याख्यान सुने। जब केम्ब्रिज में गणित की गद्दी स्थापित हुई, इसने उसे स्वीकार कर लिया।

केली स्नातक भी नहीं हो पाया था कि इसने अभिपत्र लिखना आरम्भ कर दिया। आश्चर्य की बात यह है कि इसके सारे महत्वपूर्ण गवेषणा कार्य उस समय हुए हैं जब यह वकालत करता था। केम्ब्रिज की गद्दी पर यह जीवन पर्यन्त रहा। इसे दिन पर दिन सम्मान मिलता गया। १८८२ में इसे अमेरिका के जॉन हॉपकिन्स विश्व-विद्यालय ने व्याख्यान देने के लिए आमन्त्रित किया। इसके व्याख्यानों के विषय **'आँबेँली और थीटा फलन'** (Abelian and Theta Functions) थे। हम ऊपर लिख चुके हैं कि उन दिनों उसी विश्वविद्यालय में सिल्वेँस्टर अध्यापन कार्य कर रहा था। इस प्रकार दोनों मित्रों का फिर एक बार गँठबन्धन हो गया।

केली की प्रतिभा बहुमुखी थी। शुद्ध गणित की तो कदाचित् ही कोई शाखा हो जो इसने अछूती छोड़ दी हो। सब मिलाकर इसने ८०० गणितीय अभिपत्र लिख हैं जो १३ भागों में केम्ब्रिज से प्रकाशित हुए हैं। इसका सबसे बढ़िया काम निश्चलों पर हुआ है। यह कहने में अत्युक्ति न होगी कि इसके निश्चल सिद्धान्त से विश्लेषण की एक नयी शाखा का श्रीगणेश हो गया। इस विषय में सिल्वेँस्टर और केली दोनों का कार्य टक्कर का रहा है। दोनों एक ही समय वर्षों लन्दन में रहे हैं और एक दूसरे से विचार विनिमय करते रहते थे। कभी कभी तो यह निश्चय करना कठिन हो जाता है कि किसी प्रकरण में कितना काम सिल्वेँस्टर का है और कितना केली का।

केली के गवेषणा कार्य के अन्य विषय ये थे—

(i) दीर्घवृत्तीय फलन।
(ii) वैश्लेषिक ज्यामिति।
(iii) पंचघातक (Quantics)।
(iv) समुदाय (Groups) सिद्धान्त।
(v) श्रेणिक (Matrix) सिद्धान्त।
(vi) परम (Absolute) ज्यामिति।

(vii) घन वक्रों का समीकरण ।
(viii) वक्रों और तलों की उच्च विचित्रताएँ (Singularities) ।
(ix) रूपान्तर और एकैकी-संगति (Correspondence) ।
(x) घन तल पर २७ रेखाओं का सिद्धान्त ।
(xi) दीर्घवृत्तजों का आकर्षण ।
(xii) सैद्धान्तिक गतिविज्ञान ।
(xiii) चन्द्रमा की मध्यक गति (Mean Motion)

पाठक, तनिक ठहरिए ! चार्ल्स हर्मिट (Charles Hermite) का नाम छूटा जा रहा है । इसका जीवन काल १८२२-१९०१ था । इसका जन्म लोरेन (Lorraine) के ड्यूज़ (Dieuze) नगर में हुआ था । बचपन में ही इसने नियमित पाठ्यक्रम छोड़कर गणितज्ञों की कृतियाँ पढ़नी आरम्भ कर दीं । बीस वर्ष की अवस्था में इसने पेरिस के एक कॉलिज में नाम लिखाया ! किन्तु सिर मुँडाते ही ओले पड़े । बात यह थी कि लड़कपन में ही इसकी दाहिनी टाँग में कज आ गया था । अतः कॉलिज में प्रविष्ट होते ही इसे पता चल गया कि स्नातक होने पर टाँग के कज के कारण इसे कोई सरकारी नौकरी नहीं मिल सकेगी । इसलिए इसने पहले वर्ष ही कॉलिज छोड़ दिया ।

१८६९ में हर्मिट एक कॉलिज में प्राध्यापक नियुक्त हुआ । कुछ दिनों पश्चात् इसे पेरिस विश्वविद्यालय की उच्च बीजगणित की गद्दी भी मिल गयी । उक्त पद पर यह १८९७ तक रहा । हर्मिट के मुख्य विषय बीजगणित और विश्लेषण थे । फ्रांस में इसका इतना मान था कि कॉशी की मृत्यु के पश्चात् यही उक्त देश का अग्रणी विश्लेषक गिना जाने लगा । इसने इन प्रकरणों पर अपनी लेखनी उठायी है —

समीकरण सिद्धान्त, संख्या सिद्धान्त, फलन सिद्धान्त, दीर्घवृत्तीय फलन, निश्चित समाकल, **निश्चल और सहचल** (Invariants and Covariants) ।

हर्मिट के नाम से **हर्मिटी संख्याएँ** (Hermitian Numbers) और **हर्मिटी रूप** (Hermitian Forms) प्रचलित हैं । इसकी मित्रता हॉलॅण्ड के गणितज्ञ स्टील्टजेंज़ (Stieltjes—१८५६-९४) से थी जिसे इसने टूलुस (Toulouse) की गद्दी दिलवाने में सहायता दी। स्टील्टजेंज़ द्वारा **स्टील्टजेंज़ समाकल** (Stieltjes Integral) का आविष्कार हुआ । इस प्रकार हम देखते हैं कि उक्त आविष्कार का कुछ श्रेय हर्मिट को भी मिलना चाहिए । दोनों मित्रों का पारस्परिक पत्राचार चार

भागों में छपा है जिसे पढ़ने से संमिश्र चर फलनों (Functions of a Complex Variable) के विषय में बहुत सी जानकारी प्राप्त हो सकती है।

स्टील्टजॅज़ (१८५६—९४)

[डोवर पब्लिकेशंस, इन्कॉर्पोरेटेड, न्यूयॉर्क--१०, की अनुज्ञा से, डी० स्ट्रइक कृत 'ए कॉन्साइज़ हिस्ट्री ऑफ़ मॅथमॅटिक्स' (१.७५ डालर) से प्रत्युत्पादित।]

आइज़ॅन्स्टाइन भी कोई ऐसा वैसा नहीं था जो हम उसका नाम ही न लें। इसका पूरा नाम फर्डिनॅण्ड गोथॉल्ड मॅक्स आइज़ॅन्स्टाइन (Ferdinand Gotthold Max Eisenstein) (१८२३-५२) था। यह बेचारा गरीबी में पला और १९ वर्ष

की अवस्था तक इसने गणित में कोई विशेष रुचि भी नहीं दिखायी। इसने बर्लिन में शिक्षा पायी और फिर वहीं पर प्राध्यापक हो गया। २९ वर्ष की अल्पावस्था में इसका देहान्त हो गया, किन्तु इतने थोड़े समय में ही इसने ऐसी विलक्षण प्रतिभा दिखायी कि गाउस को इसके विषय में कहना पड़ा कि "संसार में तीन ही युग प्रवर्तक गणितज्ञ हुए हैं—आर्किमिँडीज़, न्यूटन और आइज़ेँन्स्टाइन।"

आइज़ेँन्स्टाइन ने बहुत से अभिपत्र लिखे हैं। इसने द्विचर वर्ग रूपों (Binary Quadratic Forms) का विकास किया और ऐसे प्रथम सहचर का आविष्कार किया जो विश्लेषण में प्रयुक्त होता है। संख्याओं को दो वर्गों के जोड़ के रूप में निरूपित करने के विषय में इसने यह सिद्ध किया कि उक्त प्रमेय आठ वर्गों तक ही सीमित है। तीन और पाँच वर्गों तक के लिए इसने उसके हल भी दे दिये। इसके अतिरिक्त इसका बहुत सा कार्य दीर्घवृत्तीय फलनों और संमिश्र राशियों पर भी है।

लियोपोल्ड क्रॉनैँकर (Leopold Kronecker) (१८२३-९१) ब्रैँस्लॉ का निवासी था। इसने बैँस्लॉ और बर्लिन में शिक्षा पायी। ग्यारह वर्ष तक यह अपने व्यापार में फँसा रहा, किन्तु यदा कदा गणित का भी अध्ययन करता रहा। १८५५ में यह बर्लिन गया। इसे वहाँ आधिकारिक नियुक्ति नहीं मिली किन्तु अनौपचारिक रूप से ही यह वहाँ के विश्वविद्यालय में १८६१ से व्याख्यान देने लगा।

क्रॉनैँकर को लड़कपन से ही कई प्रकार के शौक़ थे। गणित के अतिरिक्त इसे ग्रीक, लॅटिन, हिब्रू और दर्शन में रुचि थी। इसके अतिरिक्त इसे संगीत से भी असाधारण लगाव था। यह स्वयं एक गवैया था और प्यानो बजाने में भी दक्ष था। यह कहा करता था कि गणित को छोड़ कर संसार की सबसे ललित काला संगीत है।

क्रॉनैँकर कुमर का शिष्य था और इसके जीवन पर कुमर का प्रभाव भी विशेष रूप से पड़ा था। १८८३ में जब कुमर सेवा निवृत्त हुआ तब क्रॉनैँकर उसके स्थान पर नियुक्त हो गया। १८४५ में क्रॉनैँकर ने पीएच० डी० की उपाधि के लिए एक प्रबन्ध (Thesis) लिखा जिसमें इसने कुमर के संख्या सिद्धान्त सम्बन्धी कार्य को ही आगे बढ़ाया था। कुमर, वीर्स्ट्रास और क्रॉनैँकर यह तिकड़ी थी जिसने गणित में परुषता का प्रवर्तन किया। प्लेटो कहा करता था कि "ईश्वर एक ज्यामितिज्ञ है।" क्रॉनैँकर ने कहना आरम्भ किया कि "ईश्वर एक अंकगणितज्ञ है।"

क्रॉनैँकर अध्यापन में अद्वितीय था किन्तु लेखन में असफल था। इसके अभिपत्रों की भाषा बोझिल रहती थी। इसकी गवेषणा के मुख्य विषय थे—वर्ग रूप, दीर्घवृत्तीय फलन और आदर्श सिद्धान्त (Ideal Theory)। इसका विश्वास था कि

समस्त गणित अन्ततोगत्वा अंकगणित पर आधृत है, अंकगणित संख्याओं पर अवलम्बित है और संख्याओं का मूल स्तम्भ प्राकृतिक संख्याएँ हैं। इसीलिए यह कहता था कि संख्या $\pi$ का उपानयन वृत्त के द्वारा नहीं, वरन् इस श्रेणी के द्वारा होना चाहिए—

$$१ - \frac{१}{३} + \frac{१}{५} - \frac{१}{७} + \ldots\ldots\ldots$$

बाद को तो क्रॉनेकर यहाँ तक कहने लगा था कि अपरिमेय संख्याओं का अस्तित्व ही नहीं है। इसने लिण्डमॅन् (Lindemann) को एक पत्र में लिखा भी था कि "संख्या $\pi$ पर तुम्हारे सुन्दर कार्य करने का क्या उपयोग है ? जब तुम जानते हो कि अपरिमेय संख्याएँ होती ही नहीं, तब ऐसी समस्याओं पर क्यों माथा-पच्ची करते हो?"

आइए पाठक, एक महान् व्यक्तित्व से मुचैटा लेना है। जार्ज फ्रैंडरिक बर्नार्ड रीमान (Georg Friedrich Bernhard Riemann) का जीवन काल १८२६–६६ था। चालीस वर्ष में ही इसने अपनी मौलिकता से गणितीय जगत् में क्रान्ति मचा दी थी। यदि दस बीस वर्ष और जीता रहता तो न जाने क्या कर जाता! इसका जन्म हॅनोवर (Hanover), जर्मनी, के एक गाँव में हुआ था। इसके पिता नॅपोलियन की लड़ाइयों में लड़ चुके थे। तत्पश्चात् वे हॅनोवर के एक गाँव में आकर बस गये। उनके ६ बच्चे थे जिनमें से रीमान की संख्या दूसरी थी।

इस प्रकार रीमान का बचपन ग़रीबी में बीता। यह जन्म से ही संकोची प्रकृति का था और जनता के सम्मुख बोलने में इसे भय मालूम होता था। जीवन के दूसरे पहर में यह समझने लगा था कि इस कारण इसे ख्याति मिलने में बड़ी बाधा पड़ती है। अतः यह बड़ी तैयारी के साथ व्याख्यान देने जाता था और अन्त में इसने अपने संकोच पर विजय प्राप्त करके ही छोड़ी।

६ वर्ष की अवस्था से ही रीमान ने अंकगणित में रुचि दिखानी आरम्भ कर दी। इसे जितने प्रश्न दिये जाते थे वह तो यह हल कर ही लिया करता था, बहुत बार अपने भाई बहिनों को तंग करने के लिए यह स्वयं नये नये प्रश्न बना लिया करता था। दस वर्ष की अवस्था में इसे पढ़ाने के लिए एक शिक्षक शुल्ज़ (Schulz) रखा गया किन्तु शीघ्र ही शुल्ज़ को पता चल गया कि गुरु गुड़ ही रह गया है, चेला शक्कर हो गया है।

१४ वर्ष की अवस्था में रीमान को स्कूल भेजा गया। इसे भाई बहिनों की बहुत याद आती थी और आये दिनों यह उन्हें भेंटें भेजा करता था। उन्हीं दिनों अपने माता पिता के लिए इसने एक **चिरस्थायी तिथि-पत्र** (Perpetual Calendar) बनाकर भेजा। इसके स्कूल के निदेशक ने इसकी प्रतिभा पहचानी और अपने निजी

पुस्तकालय का उपयोग करने की इसे खुली छूट दे दी। इतना ही नहीं, इसे यह भी अनुकल्प (Option) दे दिया कि चाहे यह गणितीय कक्षाओं में बैठे, चाहे न बैठे।

रीमान (१८२६–६६)

[ डोवर पब्लिकेशंस, इनकॉर्पोरेटेड, न्यूयॉर्क--१०, की अनुज्ञा से, डी० स्ट्रुइक कृत 'ए कॉन्साइज हिस्ट्री ऑफ़ मैथमॅटिक्स' ( १.७५ डालर ) से प्रत्युत्पादित। ]

१९ वर्ष की अवस्था में रीमान ने गटिंगन विश्वविद्यालय से भाषा विज्ञान और धर्मशास्त्र में मॅट्रिक परीक्षा पास की। किन्तु गणित में इसकी रुचि अक्षुण्ण बनी रही। यह गाउस के व्याख्यान बड़े चाव से सुनता था। एक वर्ष पश्चात् यह बर्लिन चला गया। यहाँ यह जॅकोबी, डिरिचले, स्टेनर और आइज़ेन्स्टाइन के सम्पर्क में

आया। संमिश्र विश्लेषण (Complex Analysis) पर इसके विचारों को इन्हीं दिनों प्रौढ़ता प्राप्त हुई। १८५० में यह गटिंगन लौट आया और एक वर्ष पश्चात् इसने डाक्टर की उपाधि प्राप्त की। इसके प्रबन्ध का विषय संमिश्र फलन ही थे। अब कार्याधिक्य के कारण रीमान का स्वास्थ्य गिरने लगा था। यह गटिंगन की नौकरी छोड़ कर हार्ज़ (Harz) चला गया और अपने मित्र डॅडीकाइण्ड के साथ एक प्रकार से निवृत्त जीवन बिताने लगा। इसकी आर्थिक दशा चिन्ताजनक थी और १८५५ में सरकार ने इसे थोड़ी सी वृत्ति देनी आरम्भ कर दी। १८५९ में डिरिचले की मृत्यु पर यह उसके स्थान पर प्राध्यापक नियुक्त हो गया। सात वर्ष पश्चात् इसका देहावसान हो गया।

रीमान की प्रतिभा विलक्षण भी थी, चतुर्मुखी भी। इसकी गिनती सबसे मौलिक गणितज्ञों में की जाती है। बहुत सी आधुनिक गणितीय संकल्पनायें इसी के नाम से प्रसिद्ध हो गई हैं। हम उनमें से कुछ यहाँ देते हैं।

(१) **रीमान जीटा फलन** (Riemann Zeta Function)—हम इस फलन का उल्लेख पिछले प्रकरणों में कर आये हैं। यह इस श्रेणी का नाम है—

$$१ + \frac{१}{२^{प}} + \frac{१}{३^{प}} + \frac{१}{४^{प}} + \cdots\cdots \frac{१}{ल^{प}} + \cdots\cdots,$$

जिसमें $प = ब + ए\ भ$ $(ए = \sqrt{-१})$.

जब रीमान स्कूल में पढ़ता था, इसने लेंजाण्ड्र के संख्या सिद्धान्त का अध्ययन किया था। ८५९ पृष्ठों की यह पुस्तक रीमान ने ६ दिन में ही पढ़कर अपने शिक्षक को वापस कर दी। उसके कई महीने पश्चात् शिक्षक ने उक्त ग्रन्थ पर इससे कई प्रश्न किये जिनके उत्तर यह फटाफट देता गया। इसी पुस्तक से रीमान को रूढ़ संख्याओं के अध्ययन की चाट पड़ी। किसी निर्दिष्ट संख्या से कम कितनी रूढ़ संख्याएँ होती हैं, इसके लिए लेजाण्ड्र ने एक सूत्र दिया था जिससे इन संख्याओं की सन्निकट (Approximate) संख्या ही निकल सकती थी। रीमान ने लेजाण्ड्र के इस फल से बढ़िया फल निकालने का प्रयत्न किया। इस प्रयत्न में रीमान ने यह उक्ति दी—

प के ऐसे समस्त मान जिनके लिए ज़ीटा फलन का योग शून्य हो, और $० < ब < १$, इस प्रकार

$$\tfrac{१}{२} + ए\ भ$$

के होते हैं। अर्थात् उनका वास्तविक भाग $\tfrac{१}{२}$ होता है। रीमान ने यह कथन केवल अनुमान के रूप में दिया है। इसे **'रीमान परिकल्पना'** (Riemann Hypothesis)

कहते हैं। इसे न आज तक कोई सिद्ध कर सका है, न विप्रमाणित (Disproved)। यह शुद्ध गणितज्ञों के लिए एक स्थायी चुनौती है।

(२) **रीमान समीकरण**—यदि

$$\text{ल} = \text{य} + \text{ए र} \qquad \text{और} \qquad \text{म} = \text{ब} + \text{ए भ},$$

और म चर ल का कोई वैश्लेषिक फलन है तो

$$\frac{\text{तब}}{\text{तय}} = \frac{\text{तभ}}{\text{तर}}, \qquad \frac{\text{तब}}{\text{तर}} = -\frac{\text{तभ}}{\text{तय}}।$$

ये समीकरण सर्वप्रथम डि लेम्बर्ट ने और तत्पश्चात् कॉशी ने दिये थे। अब ये **कॉशी-रीमान समीकरणों** (Cauchy-Riemann Equations) के नाम से प्रसिद्ध हैं।

(३) **रीमान समाकल** (Riemann Integral)—निश्चित समाकल की व्याख्या हम इस अध्याय के आरम्भ में कर चुके हैं। १८५४ में रीमान ने त्रिकोणमितीय श्रेणी पर एक अभिपत्र लिखा था जिसमें पहले पहल समाकल की यथार्थ परिभाषा दी थी। रीमान ने निश्चित और अनिश्चित समाकलों का सम्बन्ध इन शब्दों में दिया है—

यदि फलन फ (य) क से ख तक समाकलनशील है, और य क और ख के बीच में रहता है तो फ (य) के 'क से य तक के अनिश्चित समाकल' और 'क से ख तक के निश्चित समाकल' में केवल एक अचर (Constant) का अन्तर होगा।

इस सम्बन्ध में किसी बिन्दु कुलक (Set of Points) की **'समावृत्ति'** (Content) की परिभाषा पर भी विचार कर लेना चाहिए।

मान लीजिए कि बिन्दु कुलक अन्तराल (क, ख) में स्थित है। एक फलन फ(य) ऐसा बनाइए जिसका मान कुलक के प्रत्येक बिन्दु पर १ हो और अन्तराल के अन्य समस्त बिन्दुओं पर शून्य हो। तो समाकल

$$\int_{\text{क}}^{\text{ख}} \text{फ (य) ताय}$$

के मान को हम बिन्दु कुलक की समावृत्ति कहेंगे।

रीमान ने किसी फलन की समाकलनशीलता के लिए आवश्यक और पर्याप्त शर्त यह दी है कि उक्त अन्तराल में फलन के असातत्य बिन्दुओं (Points of Discontinuity) के कुलक की समावृत्ति शून्य हो।

(४) **रीमानी तल** (Riemannian Surfaces)—यहाँ इस विषय के विस्तार में जाने का तो अवकाश नहीं है। हम एक रोचक समस्या का वर्णन करते हैं। ऑयलर के समय में कॉनिग्सबर्ग (Königsberg) नगर में नदी प्रेगैल (pregel) के ऊपर सात पुल थे।

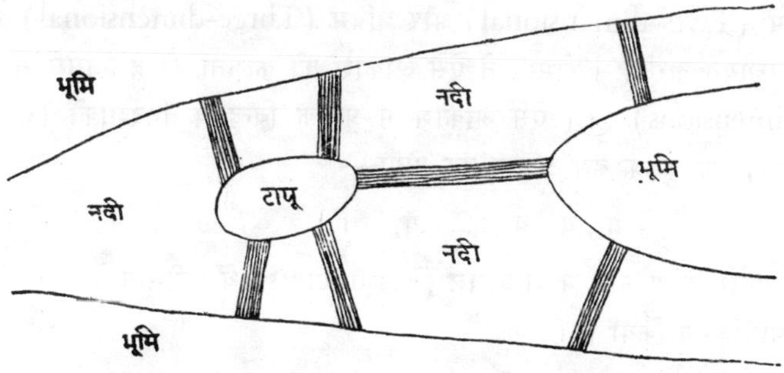


**कॉनिग्सबर्ग नगर में नदी के सात पुल**

ऑयलर ने यह समस्या उपस्थित की कि कोई किस प्रकार सातों पुलों पर होकर जाय ताकि किसी भी पुल पर दो बार न जाना पड़े? प्रश्न असम्भव है।

**रीमानी तल**

इस छोटे से प्रश्न से स्थानिकी (Topology) का आरम्भ होता है। रीमान ने इस विषय का बहुत विकास किया और इसके सिद्धान्तों का फलन सिद्धान्त पर प्रयोग किया। आज यह विषय इतना विकसित हो चुका है कि इस बात पर विश्वास करना कठिन है कि इसका श्रीगणेश इतनी छोटी सी बात से हुआ होगा।

(५) **रीमानी ज्यामिति** (Riemannian Geometry)––हम साधारणतया द्वैविम (Two–dimensional) और त्रैविम (Three-dimensional) आकाश का अध्ययन करते हैं। रीमान ने ऐसे आकाश की कल्पना की है जिसमें स विमाएँ (Dimensions) हों। ऐसे आकाश में प्रत्येक बिन्दु के निर्देशांकों (Coordinates) का कुलक इस प्रकार का होगा––

$$य_१, य_२, य_३ \ldots\ldots य_स \quad ।$$

गाउस के आकाश में दो प्राचल (Parameters) थे। रीमान ने उक्त संकल्पना का सार्वीकरण किया है।

(६) **रीमानी वक्रता प्रदिश**––(Riemanian Curvature Tensor)

हैंनरी जॉन स्टीफ़ॅन स्मिथ (Henry John Stephen Smith) (१८२६–८३) कोई नामी गणितज्ञ नहीं था किन्तु बहुत ही प्रतिभावान् था। इसका जन्म डबलिन में हुआ था। जब यह दो वर्ष का था, इसके पिता का स्वर्गवास हो गया और इसकी माता इसे लेकर इंग्लॅण्ड आ गयीं। १८४१ में यह रग्बी (Rugby) के एक स्कूल में प्रविष्ट हुआ। १८४४ में इसने ऑक्स्फ़ोर्ड के बेलियल (Balliol) कॉलिज में नाम लिखाया। उन्हीं दिनों इसने एक चक्कर यूरोप का लगाया। १८४९ में इसने ऑक्स्फ़ोर्ड में उच्चतम सम्मान प्राप्त किया। एक लोकोक्ति है कि यह प्राच्य भाषाओं और गणित दोनों में सर्व प्रथम हुआ था, अतः निश्चय नहीं कर पा रहा था कि इनमें से किस विषय को अपनाये। तब इसने पैसा उछाल कर निर्णय किया।

स्मिथ ने विवाह नहीं किया। १८५० में यह बेलियल कॉलिज का अधिसदस्य निर्वाचित हुआ, १८६० में ऑक्स्फ़ोर्ड में ही प्राध्यापक नियुक्त हुआ और १८६१ में रॉयल सोसायटी का अधिसदस्य हो गया। यह कई राजकीय आयोगों का सदस्य रहा और कई वर्ष ऋतु-विज्ञान कार्यालय (Meteorological Office) का अध्यक्ष रहा।

स्मिथ ने आरम्भ में कई अभिपत्र ज्यामिति पर लिखे। तत्पश्चात् इसने संख्या सिद्धान्त पर कार्यारम्भ किया। इसका गवेषणा कार्य ब्रिटिश एसोसियेशन (British Association) के १८५९–६५ के अंकों में छपा है। इसके सार्विक सूत्रों की दो विशिष्ट दशाएँ उल्लेखनीय हैं––किसी संख्या का पाँच अथवा सात वर्गों के योग के

रूप में निरूपण। **द्विचर और त्रिचर रूपों** (Binary and Ternary Forms) पर भी इसका कार्य महत्त्वपूर्ण रहा है। १८९४ में ग्लेशर (Glaisher) ने इसकी कृतियों का संग्रह प्रकाशित किया है।

रिचर्ड डेडीकाइण्ड (Richard Dedekind) (१८३१–१९१६) का जन्म ब्रन्सविक (Brunswick) में हुआ था। सोलह वर्ष की अवस्था तक इसने अपने जन्मस्थान में ही शिक्षा पायी। उस समय तक इसकी रुचि भौतिकी और रसायन में अधिक थी। सत्रहवें वर्ष जब यह कॉलिज में प्रविष्ट हुआ तब इसने वैश्लेषिक ज्यामिति, कलन, बीजगणित आदि का अध्ययन आरम्भ किया। उन्नीस वर्ष की अवस्था में यह गटिंगन विश्वविद्यालय में भर्ती हुआ और गाउस, स्टर्न (Stern) (१८०७–९४) और वेबर (Weber) (१८४२–१९१३) के संसर्ग में आया। १८५२ में इसने गाउस की देख-रेख में डाक्टर की उपाधि पायी। इसके प्रबन्ध का विषय था—**ऑयलरी समाकल** (Eulerian Integrals)।

१८५४ में डेडीकाइण्ड गटिंगन में व्याख्याता (Lecture) नियुक्त हो गया। उक्त पद पर यह चार वर्ष रहा। उन्हीं दिनों इसकी मित्रता रीमान से हुई और वहीं पर यह डिरिचले के सम्पर्क में आया। १८५७ में यह ज़ूरिच में प्राध्यापक नियुक्त हुआ और १८६२ में ब्रन्सविक की एक संस्था में प्रोफ़ेसर हो गया। उक्त स्थान पर यह लगभग पचास वर्ष रहा।

डेडीकाइण्ड जीवन भर अविवाहित रहा। इसकी बहन जूली (Julie) इसके साथ रहती थी। यह पिचासी वर्ष की अवस्था तक जीवित रहा। इसकी ख्याति इसके जीवन काल में ही चारों ओर फैल गयी थी। मृत्यु से १२ वर्ष पूर्व 'गणितज्ञों के तिथिपत्र' (Calendar for Mathematicians) में यह समाचार छपा कि '४ सितम्बर १८९९ को डेडीकाइण्ट का देहान्त हो गया।' डेडीकाइण्ड ने यह समाचार पढ़कर पत्रिका के सम्पादक को लिखा कि 'तिथि कदाचित् ठीक निकले किन्तु वर्ष तो निश्चय ही ग़लत है। अपनी दैनिकी (Diary) के अनुसार तो मैं उस दिन पूर्णतया स्वस्थ था और अपने सम्मानित मित्र और अतिथि जॉर्ज कॅण्टर (Georg Cantor) से 'पद्धति और सिद्धान्त' पर घुल-घुल कर बातें कर रहा था।'

यों तो डेडीकाइण्ड ने बहुत से अभिपत्र लिखे हैं किन्तु इसके दो ग्रन्थ बहुत प्रसिद्ध हुए हैं जिनके विषय 'अपरिमेय संख्याएँ' (Irrational Numbers) और 'आदर्श संख्याएँ' (Ideal Numbers) थे। इसने डिरिचले के गवेषणा कार्य का सम्पादन किया और रीमान के संग्रह की प्रस्तावना (१८७६) भी लिखी।

डेडीकाइण्ड की मूलभूत गवेषणाओं में से एक इसका अपरिमेय संख्या सिद्धान्त है जो आजकल के शुद्ध गणित के प्रत्येक विद्यार्थी को हृदयंगम करना होता है। उक्त सिद्धान्त का आधार एक युक्ति है जिसे **डेडीकाइण्ड काट** ( Dedekind cut ) कहते हैं। हम यहाँ उक्त सिद्धान्त का बहुत ही सरल भाषा में दिग्दर्शन कराते हैं।

जो संख्या किसी भिन्न

$$\frac{प}{फ}$$

के रूप में निरूपित हो सके, उसे परिमेय संख्या (Rational Number) कहते हैं। जो इस प्रकार निरूपित न हो सके, उसे अपरिमेय संख्या कहते हैं। जितने भी सान्त दशमलव भिन्न ( Terminating Decimal Fractions ) और आवर्त दशमलव भिन्न ( Recurring Decimal Fractions ) हैं, सब सामान्य भिन्नों के रूपमें प्रदर्शित किये जा सकते हैं, अतः सब परिमेय संख्याएँ हैं, जैसे—

$$५.७५ = \frac{२३}{४},$$

$$.३\dot{१}\dot{७} = \frac{१५७}{४९५}।$$

किन्तु $\sqrt{७}$ अथवा $\sqrt{११}$ को हम किसी साधारण भिन्न ( Vulgar Fraction) के रूप में निरूपित कर ही नहीं सकते। सच पूछिए तो हम ऐसी संख्याओं का ठीक ठीक मान निकाल ही नहीं सकते। किसी भी दशमलव स्थान तक इन संख्याओं का निकट मान निकाला जा सकता है किन्तु इनका यथार्थ मान निकालना असंभव है।

जब स्कूल में विद्यार्थी करणियों ( Surds ) का परिकलन सीखता है तो मान लेता है कि

$$\sqrt{३\times५} = \sqrt{१५}.$$

यहाँ तक तो ठीक है। किन्तु उसे यह भी मानना पड़ता है कि

$$\sqrt{३\times५} = \sqrt{३}\times\sqrt{५} \qquad (अ)$$

अन्यथा वह यह सिद्ध नहीं कर सकता कि

$$\sqrt{३} \times \sqrt{५} = \sqrt{१५}।$$

किन्तु (अ) को सिद्ध करने का उसके पास कोई साधन नहीं है क्योंकि उक्त समीकरण में जो तीन करणियाँ आती हैं, उन में से एक का भी ठीक ठीक मान नहीं

निकाला जा सकता । अतः यह प्रश्न हमारे सम्मुख उपस्थित होता है कि "यह अपरिमेय संख्याएँ वास्तव में हैं किस प्रकार की ?" डेॅडीकाइण्ड ने इसी प्रश्न का उत्तर देने का प्रयास किया है ।

पहले एक परिमेय संख्या $\sqrt{९}$ लीजिए। समस्त परिमेय संख्याओं को दो श्रेणियों में विभक्त कीजिए : बायीं और दायीं । दायीं श्रेणी में उन समस्त परिमेय संख्याओं को रखिए जिनका वर्ग ९ से बड़ा है । बायीं श्रेणी में शेष समस्त परिमेय संख्याओं को रखिए ।

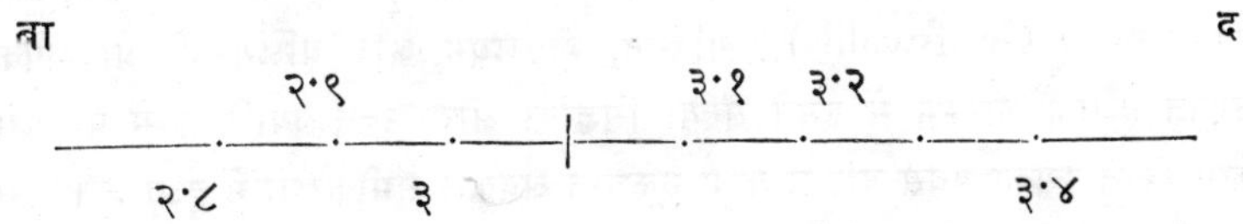


हम यह मान लेते हैं कि बायीं श्रेणी की प्रत्येक संख्या दायीं श्रेणी की प्रत्येक संख्या से छोटी होगी ।

उपरिलिखित वर्गीकरण में बायीं श्रेणी में एक महत्तम संख्या ३ होगी और दायीं श्रेणी में कोई लघुतम संख्या नहीं होगी । इस काट को हम संख्या $\sqrt{९}$ अथवा ३ का डेॅडीकाइण्ड काट कहते हैं ।

इसी प्रकार हम एक ऐसा वर्गीकरण कर सकते हैं जिसकी बायीं श्रेणी में कोई महत्तम संख्या न हो किन्तु दायीं श्रेणी में एक लघुतम संख्या हो । हम यहाँ २/३ का संगत वर्गीकरण देते हैं—

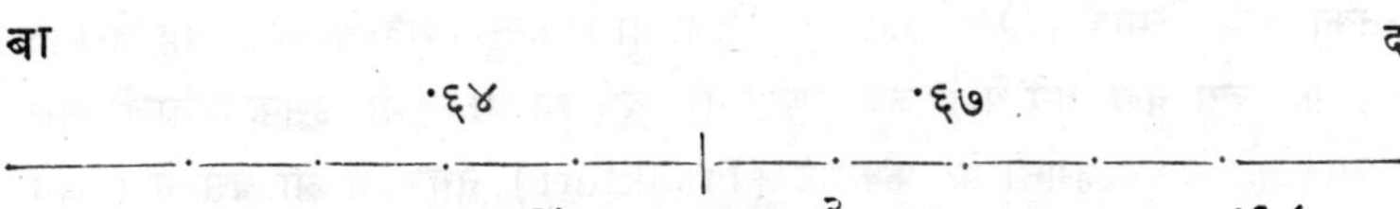


अब तनिक $\sqrt{५}$ के संगत काट पर विचार कीजिए ।

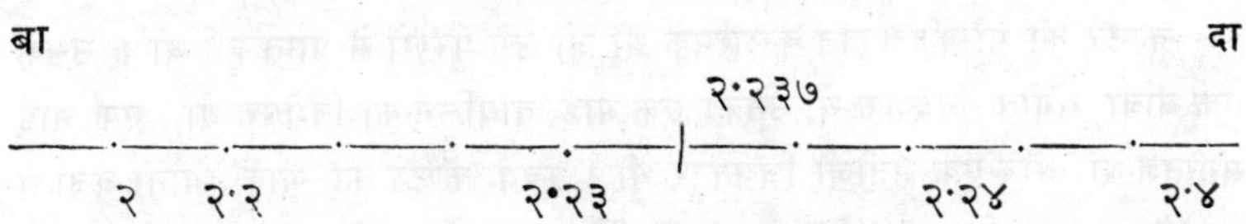


हम दायीं श्रेणी में ऐसी समस्त परिमेय संख्याएँ रखते हैं जिनके वर्ग ५ से अधिक हैं । और बायीं श्रेणी में शेष समस्त परिमेय संख्याओं को रखते हैं । स्पष्ट है कि इस वर्गीकरण में न तो दायीं श्रेणी में कोई लघुतम संख्या होगी, न बायीं श्रेणी में कोई

महत्तम संख्या। ऐसा प्रतीत होता है कि दोनों श्रेणियाँ एक दूसरे की ओर दौड़ रही हैं किन्तु बीच में कहीं पर टूट आ पड़ती है जिसके कारण मिल नहीं पातीं। इसीलिए इसे 'काट' की संज्ञा दी गयी है। डेडीकाइण्ड का यह सिद्धान्त है कि जहाँ कहीं ऐसा वर्गीकरण आयेगा कि बायीं श्रेणी में कोई महत्तम संख्या न हो और दायीं श्रेणी में कोई लघुतम संख्या न हो, वहीं एक अपरिमेय संख्या का सर्जन हो जायगा।

उचित होगा कि यहाँ हम दो शब्द फ़ुक्स के विषय में भी कहते चलें। लॅज़ेरस फ़ुक्स (Lazarus Fuchs) (१८३३–१९०२) एक जर्मन गणितज्ञ था। इसका जन्म पोसॅन (Posen) के पास मोशिन (Moschin) में हुआ था। यह क्रमशः ग्राइसवाल्ड (Greifswald), गटिंगन, हीडॅलबर्ग और बर्लिन में प्राध्यापक नियुक्त हुआ। प्रारम्भ में इसने संख्या सिद्धान्त और उच्च ज्यामिति में परिश्रम किया किन्तु इसका सबसे बढ़िया काम एकघात अवकल समीकरणों में हुआ है। उस समय तक अवकल समीकरणों के हल के लिए विभिन्न गणितज्ञ दो विधियाँ प्रयुक्त करते थे। एक विधि घात श्रेणी वाली विधि थी जिससे सीमा कलन की सहायता से कॉशी अस्तित्व प्रमेय (Existence Theorems) निकाला करता था। दूसरी विधि में उत्तरोत्तर उपनयन (Successive Approximations) निकाले जाते थे। फ़ुक्स ने इन दोनों विधियों को मिला दिया था और इस प्रकार एकघात अवकल समीकरणों के एक नये सिद्धान्त का प्रतिपादन कर दिया था।

कॅण्टर (१८४५–१९१८) का बड़ा लम्बा चौड़ा नाम था—जार्ज फ़र्डिनॅण्ड लुडविग फ़िलिप कॅण्टर (Georg Ferdinand Ludwig Phillip Cantor)। इसकी राष्ट्रीयता का निर्धारण भी एक दुस्तर कार्य है। इसके पिता एक यहूदी थे जिनका जन्म डॅन्मार्क (Denmark) में हुआ था। किन्तु युवावस्था में ही वह डेन्मार्क छोड़ कर रूस चले गये थे। जब कॅण्टर नौ वर्ष का था तभी इसके पिताजी सारे परिवार को लेकर जर्मनी के फ़्रँकफ़र्ट (Frankfurt) नगर में आ बसे थे। अतः कॅण्टर के लालन पालन में कई राष्ट्रों का सहयोग था किन्तु यह स्वयं अपने आपको जर्मन ही कहा करता था।

कॅण्टर की माँ की प्रकृति कलात्मक थी जो उसे पुरखों से प्राप्त हुई थी। उसके एक बाबा संगीत निदेशक थे, उनका एक भाई वायलिन का विशेषज्ञ था, एक भाई संगीतज्ञ था और एक भतीजी चित्रकार थी। स्वयं कॅण्टर का भाई प्यानो बजाता था और बहन परिरूपक (Designer) थी। अतः कॅण्टर के रक्त में भी कला के जीवाणु विद्यमान थे। किन्तु कॅण्टर के जीवन में उनका प्रस्फुटन गणित और दर्शन में ही हुआ।

कॅण्टर की प्रारम्भिक शिक्षा एक निजी शिक्षक द्वारा हुई। तत्पश्चात् कुछ वर्ष यह पेंट्रोग्राड और फ्रॅंकफ़र्ट के स्कूलों में पढ़ा। गणित में इसे बचपन से ही रुचि थी किन्तु इसके पिता की यह अभिलाषा थी कि यह इंजीनियर बने। कॅण्टर ने पिता के

**कॅण्टर ( १८४५–१९१८ )**

[ डोवर पब्लिकेशंस, इन्कॉर्पोरेटेड, न्यूयॉर्क--१०, की अनुज्ञा से, डी० स्ट्रुइक कृत 'ए कॉन्साइज़ हिस्ट्री ऑफ़ मॅथॅमॅटिक्स' ( १.७५ डालर ) से प्रत्युत्पादित। ]

आग्रह के आगे गरदन झुका दी। किन्तु शीघ्र ही इसके पिता को पता चल गया कि इस प्रकार तो पुत्र की प्रतिभा ही नष्ट हो जायगी। सत्रह वर्ष की अवस्था में जब कॅण्टर ने स्कूल का पाठ्यक्रम समाप्त किया और उसमें विशेषता प्राप्त की तो पिता ने लिखा

कि "अब यदि तुम चाहो तो विश्वविद्यालय में प्रवेश लेकर उच्च गणित का अध्ययन कर सकते हो।" अस्तु कॅण्टर ने १८६२ में ज़ूरिच विश्वविद्यालय में नाम लिखाया किन्तु एक वर्ष पश्चात् ही इसके पिता का स्वर्गवास हो गया और इसे ज़ूरिच छोड़कर बर्लिन आना पड़ा। बर्लिन में इसने गणित, दर्शन और भौतिकी का अध्ययन किया। गणित में इसके शिक्षक कुमर, वीर्स्ट्रास और क्रॉनेंकर थे। उस दिन इसे क्या पता था कि भविष्य में इसका क्रॉनेंकर से ही विद्योचित युद्ध छिड़ जायगा।

१८६७ में कॅण्टर ने पीएच० डी० की उपाधि प्राप्त की। इसके प्रबन्ध का विषय अनिर्णीत समीकरण

$$कय^2+खर^2+गल^2=0$$

था। तत्पश्चात् कॅण्टर ने संख्या सिद्धान्त और फ़ूरियर श्रेणी में परिश्रम करना आरम्भ किया। किन्तु इस कार्य में इसने कोई विलक्षण प्रतिभा नहीं दिखायी। इसकी मेधा ने गणितीय जगत् का ध्यान तब आकृष्ट किया जब तीस वर्ष की अवस्था में इसने **'अनन्त कुलकों'** (Infinite Sets) पर अपना पहला अभिपत्र प्रकाशित किया। उसे पढ़ते ही लोगों ने समझा कि गणितीय क्षेत्र में एक नया अंकुर फूट रहा है जो किसी दिन एक विशाल वृक्ष बन जायगा।

१८६९ म कॅण्टर हाल (Halle) विश्वविद्यालय में व्याख्याता नियुक्त हुआ, ८७२ में सहायक प्राध्यापक और १८७९ में प्राध्यापक। १८७४ में इसका युग-वर्त्तक अभिपत्र छप चुका था। उक्त अभिपत्र में इसने बीजगणितीय संख्याओं के एक गुण का प्रतिपादन किया था जो आत्म-विरोधी दिखाई पड़ता था। कॅण्टर ने यह सिद्ध किया था कि समस्त बीजगणितीय संख्याओं में उतने ही सदस्य होते हैं जितने प्राकृतिक संख्याओं

१, २, ३, ......

में। यह उक्ति बहुत ही आश्चर्यजनक थी क्योंकि प्राकृतिक संख्याओं का कुलक तो बीजगणितीय संख्याओं के कुलक का एक उपकुलक (sub-set) ही है।

कॅण्टर के सिद्धान्त का क्रॉनेकर ने डटकर विरोध किया। यह विवाद इतना बढ़ा कि कभी कभी कॅण्टर इसके कारण बड़ा दुःखी हो जाता था। इसके साथियों में डेंडीकाइण्ड ही ऐसा था जो इसे धीरज बँधाया करता था। यहाँ कॅण्टर के सिद्धान्त का प्रतिपादन करने का तो अवकाश नहीं है। यहाँ हम केवल उसकी एक झलक दिखाते हैं। मान लीजिए कि हम दो संख्या कुलक लेते हैं—

(३, ५, ७, ९, ११, १३) और (२, ३, ४, ५, ६, ७, ८, ९) (का)

सरलता से हम इन दोनों कुलकों की तुलना कर सकते हैं । हम निश्चित रूप से कह सकते हैं कि दूसरे कुलक की संख्याओं की संख्या पहले कुलक की संख्याओं की संख्या से बड़ी है । और इनमें से प्रत्येक कुलक में एक प्रथम पद है और एक अन्तिम पद । किन्तु अब तनिक इन कुलकों पर विचार कीजिए—

(१, ३, ५, ७, ......) और (२, ४, ६, ८, ......) (खा)

हम उपरिलिखित उक्तियाँ इन दोनों कुलकों के विषय में नहीं दे सकते । इनमें से प्रत्येक कुलक में एक प्रथम पद है किन्तु कोई अन्तिम पद नहीं है । हम यह नहीं कह सकते कि प्रथम कुलक में दूसरे कुलक से अधिक संख्याएँ हैं । न हम यह कह सकते हैं कि उससे कम संख्याएँ हैं । तो क्या हम यह कह सकते हैं कि दोनों में संख्याओं की संख्या समान है ? यह कहने में भी हमें संकोच होगा, क्योंकि हम गिनकर दोनों की संख्याओं की समानता सिद्ध नहीं कर सकते ।

ऐसे कुलकों को हम 'अनन्त वर्ग' (Infinite Classes) कहते हैं । ऐसे किसी भी कुलक में पदों की संख्या अन्तहीन (endless) होती है । हम किसी भी सान्त कुलक (Finite Set) के विषय में कह सकते हैं कि उसमें कितने पद हैं । किन्तु किसी भी अनन्त कुलक के विषय में इस प्रश्न का ठीक ठीक उत्तर नहीं दिया जा सकता—उक्त कुलक में कितने पद हैं ? दो अनन्त वर्गों की तुलना करना भी सरल नहीं है ।

एक बात और भी है । यदि हम (का) के दूसरे कुलक में से एक पद निकाल लें, तो सात पद रह जायँगे । यदि दो पद निकाल लें तो ६ पद रह जायँगे । किन्तु यदि हम (खा) के किसी कुलक में से एक या दो पद निकाल लें तो कितने पद रह जायँगे ? अनन्त । यदि हम दस, बीस, सौ अथवा हज़ार पद भी निकाल लें तो भी शेष पदों की संख्या अनन्त ही रहेगी । इतना ही नहीं । मान लीजिए कि हम प्राकृतिक संख्याओं के कुलक

१, २, ३, ४, ५, ६, ७, ...... (i)

में से समस्त सम संख्याएँ

२, ४, ६, ८, ...... (ii)

निकाल लें, तो कितनी प्राकृतिक संख्यायें बच रहेंगी ? अनन्त ।

यदि हम सम संख्याओं के बदले केवल ६ के अपवर्त्य निकाल लें—

६, १२, १८, २४, ...... (iii)

तो (i) में कितनी संख्यायें बच रहेंगी ? वही अनन्त !

यदि हम संक्षिप्त भाषा का प्रयोग करें तो कहेंगे कि 'अनन्त में से अनन्त निकालने पर शेष भी अनन्त रहता है।'

यह कोई नया विचार नहीं है। ईशोपनिषद में एक श्लोक आता है—

ओम् पूर्णं अदः पूर्णं इदं, पूर्णात् पूर्णं उदच्यते।
पूर्णस्य पूर्णं आदाय, पूर्णं एवावशिष्यते॥

भावार्थ, यदि हम पूर्ण में से पूर्ण घटायें तो शेष भी पूर्ण ही रहता है।

कुछ लोग अवतारवाद में विश्वास नहीं करते। वे कहते हैं कि 'कृष्णजी १६ कला के अवतार थे, अर्थात् उनमें पूर्ण रूप से ईश्वरत्व विद्यमान था।' अब, प्रश्न यह है कि जब कृष्णजी इस लोक में मनुष्य रूप में जीवित थे, तब ईश्वर कहाँ था। सम्पूर्ण ईश्वरत्व तो कृष्ण में ही समाया हुआ था। अतः ईश्वरत्व का लोप हो गया था।' ऐसे व्यक्ति ईश्वरत्व, पूर्णत्व और अनन्तता का अर्थ ही नहीं समझते। यदि ईश्वर के समस्त गुण लेकर एक नयी सत्ता का निर्माण कर लिया जाय तो भी ईश्वर के समस्त गुण ईश्वर में अक्षुण्ण बने रहेंगे। यदि एक दिये से हजार दिये जला दिये जायँ तो भी उस दिये की ज्योति में कोई अन्तर नहीं पड़ता।

कॅण्टर ने अनन्त वर्गों की तुलना का एक उपाय निकाला है। यदि दो वर्गों में एकैकी-संगति (One-one correspondence) बिठायी जा सके तो दोनों वर्ग तुल्य (Equivalent) कहलायेंगे। उपरिलिखित तीनों वर्ग तुल्य हैं। (i) और (iii) पर विचार कीजिए। (i) के प्रत्येक पद का ६ गुना एक ही संख्या होगी जो (iii) में विद्यमान होगी, जैसे ५ का छः गुना ३०, ७ का छः गुना ४२, ३० और ४२—दोनों संख्याएँ (iii) में कहीं न कहीं अवश्य आयेंगी।

इसी प्रकार (iii) के किसी भी पद के $\frac{1}{6}$ की संख्या कहीं न कहीं (i) में आयेगी ही।

अतः (i) के प्रत्येक पद की संगति (iii) के एक पद से बिठायी जा सकती है और (iii) के प्रत्येक पद की संगति (i) के एक पद से बिठायी जा सकती है।

अतएव (i) और (iii) तुल्य हैं। अर्थात् एक पूर्ण सत्ता (A whole) अपने एक भाग (Part) के तुल्य हैं। कॅण्टर के सिद्धान्त में यही विरोधाभास दिखाई पड़ता है जिस पर क्रॉनेकर ने आक्रमण किया था।

इस यज्ञ की पूर्णाहुति हम पॉएन्कारे से करेंगे। कहते हैं कि जब जॉर्ज बनार्ड शॉ (George Bernard Shaw) महात्मा गाँधी से मिल कर लौटे थे तो उनके एक मित्र

ने उनसे पूछा था कि, 'कहो, महात्मा के विषय में तुम्हारा क्या विचार है?' शॉ ने उत्तर दिया, 'पहले मुझे होश में आ लेने दो ! वह मनुष्य नहीं है, एक चलता फिरता जादू है !

छोटे पैमाने पर कुछ इसी ढंग का अनुभव सिल्वेंस्टर को हुआ था जब वह पॉएँन्कारे से मिलने गया था। पॉएँन्कारे की कृतियों की संख्या इतनी अधिक थी और वह इतनी उच्च कोटि की थी कि सिल्वेंस्टर ने मन में धारणा बना ली थी कि पोएन्कारे कोई दाढ़ी वाला प्रौढ़ अथवा वृद्ध होगा। वह तीन जीने चढ़कर पॉएँन्कारे से मिलने गया। जब उसे देखा तो हक्का बक्का रह गया। उसे तो पॉएँन्कारे एक लड़का सा दिखाई पड़ा जिसने अभी गणितीय जीवन में पदार्पण ही किया हो। दो तीन मिनट तक वह मुँह बाये खड़ा रहा और उसके मुँह से एक शब्द भी नहीं निकला मानों उसने संसार का आठवाँ अचम्भा देखा हो !

हेँनरी पॉएँन्कारे (Henri Poincare) (१८५४–१९१२) का जन्म नॅन्सी (Nancy) में हुआ था। इसके कोई भाई नहीं था। केवल एक बहन थी। इनकी माँ बहुत मेधावी और फुर्तीली थी। उसने बड़ी तन्मयता से बच्चों का लालन पालन किया था। बचपन में न पॉएन्कारे की बोली साफ़ थी, न यह ढंग से लिख सकता था, यद्यपि यह दोनों हाथों से लिखा करता था। पाँच वर्ष की अवस्था में ही इसे रोग ने चाँप दिया और जीवन भर के लिए इसे दुर्बल बना दिया।

पॉएँन्कारे की स्मरण शक्ति बड़ी विलक्षण थी। एक बार जिस पुस्तक को पढ़ लेता था, वह प्रायः कण्ठस्थ हो जाती थी। इसे यह भी याद रहता था कि अमुक वाक्य पुस्तक के किस पृष्ठ की किस पंक्ति में आया है। इसकी आँखें कमज़ोर थीं। यह अपनी श्रवण शक्ति से ही काम लिया करता था। कक्षा में पिछाड़ी बैठा करता था। श्याम पट्ट पर जो लिखा रहता था, वह तो यह पढ़ नहीं पाता था। किन्तु जैसे जैसे अध्यापक बोलता जाता था वैसे वैसे यह याद करता जाता था। यह कक्षा में कभी लिखा नहीं करता था किन्तु एक बार सुनने से ही इसे सारा व्याख्यान याद हो जाता था।

पॉएँन्कारे बड़ा भुलक्कड़ और असामाजिक था। जिस होटल में यह ठहरता था, कभी कभी उसकी तौलिया और चादरें अपने सन्दूक़ में रख लिया करता था। जब कभी इसे किसी गणितीय प्रश्न पर विचार करना होता था, यह घण्टों कमरे में टहल टहल कर उस पर मनन किया करता था। एक बार फ़िन्लॅण्ड (Finland) का एक गणितज्ञ इससे मिलने पेरिस आया। नौकरानी ने उसके आने की सूचना

पाँएँन्कारे को दी किन्तु यह बराबर अपने कमरे में टहलता ही रहा। आगन्तुक बैठक में इसकी बाट देखता रहा। तीन घण्टे पश्चात् पाँएँन्कारे ने बैठक में झाँककर कहा कि "आप मेरे काम में विघ्न डाल रहे हैं।" इतना सुनते ही गणितज्ञ उठकर चला गया।

पाँएँन्कारे (१८५४–१९१२)

[डोवर पब्लिकेशंस, इन्कॉर्पोरेटेड, न्यूयॉर्क—१०, की अनुज्ञा से, डी० स्ट्रुइक कृत 'ए कॉन्साइज़ हिस्ट्री ऑफ़ मैथेमेटिक्स' (१.७५ डालर) से प्रत्युपादित।]

यह था पाँएँन्कारे का शिष्टाचार ! और ऐसे व्यक्ति से क्या आशा की जा सकती है जो बहुत बार भोजन करना ही भूल जाता था।

बचपन में पॉएँन्कारे को प्राकृतिक इतिहास से रुचि थी। जीवन में एक ही बार इसने राइफ़िल चलायी और एक ऐसी चिड़िया मार गिरायी जो इसका लक्ष्य नहीं थी। तब से इसने, अनिवार्य सैनिक शिक्षा छोड़कर, राइफ़िल को हाथ नहीं लगाया।

गणित का शौक़ पॉएँन्कारे को पन्द्रह वर्ष की अवस्था से हुआ। यह अधिकतर गणितीय समस्याएँ मन में ही हल कर लिया करता था। और जब समस्या का पूर्ण-रूप से साधन हो जाता था तभी उसे लिखित रूप देता था। सत्रह वर्ष की अवस्था में यह स्नातक हुआ, किन्तु गणित में इसे बहुत ही निम्न स्थान मिला। परन्तु जब यह वनविद्या (Forestry) की प्रवेशिका परीक्षा में बैठा तो बिना किसी तैयारी के गणित में सर्व प्रथम आया। इसके पश्चात् तो इसकी गणितीय प्रतिभा प्रस्फुटित होने लगी। जब कोई इससे कठिन से कठिन प्रश्न भी पूछता था, यह तुरन्त, बिना एक क्षण की भी देर लगाये, उत्तर दे दिया करता था। और उत्तर सदैव ठीक निकलता था।

जब पॉएँन्कारे कॉलिज पहुँचा तो शारीरिक व्यायाम और रेखन (Drawing) को छोड़कर शेष सब विषयों में सर्व प्रथम आने लगा। प्रवेशिका परीक्षा में इसे रेखन में शून्य मिला। शेष सब विषयों में यह प्रथम रहा। अब प्रश्न यह था कि इसे कॉलिज में प्रविष्ट किया जाय या नहीं। परीक्षा के नियमों के अनुसार, यदि किसी का किसी विषय में शून्य आता था, तो उसका प्रवेश असम्भव था। किन्तु पॉएँन्कारे को प्रविष्ट किया गया। लोगों का अनुमान है कि कदाचित् परीक्षकों ने ० के स्थान पर .०१ लिख दिया हो।

१८७५ में पॉएँन्कारे न खनिज विद्यालय (School of Mines) में प्रवेश लिया। तीन वर्ष पश्चात् इसने अवकल समीकरणों पर एक प्रबन्ध लिखा। डार्बो (Darboux) उसका परीक्षक था। इसने कहा कि 'यद्यपि प्रबन्ध में इधर उधर कुछ त्रुटियाँ हैं, तथापि इस प्रबन्ध से कई अन्य प्रबन्ध तैयार किये जा सकते हैं।' कह सकते हैं कि पॉएँन्कारे का गणितीय कार्य इसी प्रबन्ध से आरम्भ हुआ। अब तक यह तो इसकी समझ में आ चुका था कि इसे इन्जीनियरी के क्षेत्र में जीवन नहीं बिताना है। १८७९ में यह केन (Caen) में गणितीय विश्लेषण का प्राध्यापक नियुक्त हुआ। १८८१ में इसकी नियुक्ति पेरिस के विश्वविद्यालय में हुई। पाँच वर्ष पश्चात् इसकी उन्नति हो गयी और यह पेरिस में ही यान्त्रिकी और प्रयोगात्मक भौतिकी (Experimental Physics) का प्रोफ़ेसर हो गया। इस प्रकार १८८६ से मृत्यु तक यह प्रायः पेरिस में ही रहा।

पॉएँन्कारे ने लगभग ३४ वर्ष गवेषणा कार्य किया । इसकी कृतियों का वर्गीकरण इस प्रकार हो सकता है--

(१) गणित पर तीन पुस्तकें ।
(२) लगभग ५०० गणितीय अभिपत्र ।
(३) दर्जनों लोकोपयोगी लेख और निबन्ध ।
(४) विज्ञान दर्शन पर कई पुस्तकें ।

इसमें सन्देह नहीं कि पॉएँन्कारे ने इतना कार्य कर दिखाया कि आज किसी एक व्यक्ति के लिए जीवन पर्यन्त उस सबका अध्ययन करना भी असम्भव सा है । और इन समस्त कृतियों के विषय इतने विस्तृत थे कि गणित, ज्यौतिष और सैद्धान्तिक भौतिकी की कदाचित् ही कोई शाखा छूटी हो । लोग कहते हैं कि पॉएँन्कारे आधुनिक काल का अन्तिम सर्वज्ञ ( Last universalist ) था जो गणित की समस्त शाखाओं का मर्मज्ञ था । अब तो किसी के लिए भी समस्त शाखाओं का ज्ञाता होना असमभव है ।

पॉएँन्कारे के मस्तिष्क में नये विचार इतनी तीव्र गति से आते थे कि यह उन्हें सँभाल नहीं पाता था । यह एक विचार पर अभिपत्र तैयार करता था कि नये विचार इसके मस्तिष्क में चक्कर काटने लगते थे। यही कारण था कि यह अपने लेखों को कभी दुहरा ही नहीं पाता था । यदि यह अपनी कृतियों को दुहरा पाता तो उनमें से बहुतों का संशोधन और परिष्करण हो जाता । पॉएँन्कारे के कुछ आविष्कार तो जगत् प्रसिद्ध हो गये हैं—

(i) **फ़ुक्सी फलन** (Fuchsian Functions)
(ii) **थीटा-फ़ुक्सी फलन** (Theta-Fuchsian Functions)
(iii) **फ़ुक्सी समुदाय** (Fuchsian Groups)
(iv) क्लाइनी (Kleinianes)

यहाँ इन सब प्रकरणों का विवरण देने का तो अवकाश नहीं है । हम केवल पॉएँन्कारे के दीर्घवृत्तीय फलनों सम्बन्धी कार्य की झाँकी दिखाते हैं ।

एक चर के आवर्त फलनों (Periodic Functions) का उल्लेख हम पिछले अध्यायों में कर चुके हैं । समस्त त्रिकोणमितीय फलन आवर्त होते हैं । हम जानते हैं कि

कोज् (ल+२π) = कोज् ल ।

अतः कोज् ल एक आवर्त फलन है जिसका आवर्तनांक २ π है। अब मान लीजिए कि एक फलन फ (ल) ऐसा है जिसके दो आवर्तनांक $अ_1$ और $अ_2$ हैं। तो

फ (ल+$अ_1$)=फ (ल) और फ (ल+$अ_2$) = फ (ल)।

ऐसे फलन को द्विकावर्त (Doubly Periodic) कहते हैं। पॉएँन्कारे ने यह सिद्ध किया कि आवर्तता एक अन्य सार्विक गुण की ही विशिष्ट दशा है। गुण यह है कि कुछ फलन ऐसे होते हैं कि ल के बहुत से मानों में से कोई सा एक रख देने से फलन का मान ज्यों का त्यों बना रहता है। और ऐसे मानों की संख्या अनन्त किन्तु परिगणनशील (Enumerablc) होती है।

हम जितने गणितज्ञों को स्थान दे सकते थे, हमने दे दिया। अभी दसियों गणितज्ञ शेष रह गये हैं। उन्नीसवीं शताब्दी में गणितीय गवेषणा कार्य का इतना विकास हो गया था कि गणितज्ञों की कोई भी सूची बनायी जाय, अधूरी ही रह जायगी। हम यहाँ थोड़े से अन्य गणितज्ञों के नाम और प्रमुख विषय देते हैं। किन्तु ऐसी सूची कभी निःशेषी नहीं हो सकती।

## जर्मनी

(१) जॉन फ्रैंडरिक पफ़ (John Friedrich Pfaff) (१७६५–१८२५)—विश्लेषण, ज्यामिति, ज्यौतिष।

(२) फ्रैंडरिक विलियम बैंसिल (Friedrich William Bessel) (१७८४–१८४६)—भौतिकी, ज्यौतिष और फलन सिद्धान्त। बैंसिल फलन (Bessel Functions) इसी के नाम से प्रसिद्ध हैं।

(३) हर्मान लुडविग फ़र्डिनॅण्ड फ़ॉन हैल्महोल्ट्ज़ (Hermann Ludwig Ferdinand Von Helmholtz) (१८२१–९४)—अयूक्लिडी ज्यामिति।

(४) पॉल दुबॉय रेमण्ड (Paul Du Bois Reymond) (१८३१–८९)—श्रेणी अभिसरण, फ़ूरियर श्रेणी, विचरण कलन, समाकल समीकरण।

## फ्रांस

(५) जीन रॉबर्ट आर्गण्ड (Jean Robert Argand) (१७६८–१८२२)—आर्गण्ड रेखाचित्र (Argand Diagram) इसी के नाम से प्रसिद्ध है जिसमें संमिश्र राशियों का निरूपण ज्यामितीय बिन्दुओं से किया जाता है।

(६) जोज़ेफ़ ल्यूविल (Joseph Liouville) (१८०९–८२)—वर्षों उस गणितीय पत्रिका का सम्पादक रहा जो आज तक इसी के नाम से प्रसिद्ध है।

(७) जोज़ेफ़ लुई फ्राँसॉय बेर्ट्रेण्ड (Joseph Louis Francois Bertrand) (१८२२–१९००)—सम्भाव्यता, विचरण कलन और अवकल समीकरण।

(८) ऍड्मण्ड लॉग्रे (Edmund Laguerre) (१८३४–८६)—समीकरण सिद्धान्त।

(९) जीन गॅस्टन डार्बो (Jean Gaston Darboux) (१८४२–१९१७)—अवकल ज्यामिति।